新概念阅读书坊

BUKE-SIYI DE DI QIU

SHENMI QI'AN

不可思议的

地球神秘奇案

主编◎崔钟雷

吉林美术出版社

U0346757

图书在版编目（CIP）数据

不可思议的地球神秘奇案 / 崔钟雷主编 . —长春：
吉林美术出版社，2011.2（2023.6重印）
（新概念阅读书坊）
ISBN 978-7-5386-5237-6

Ⅰ . ①不 …　Ⅱ . ①崔 …　Ⅲ . ①自然地理 – 世界 – 青少
年读物Ⅳ . ① P941–49

中国版本图书馆 CIP 数据核字（2011）第 015264 号

不可思议的地球神秘奇案

BUKE–SIYI DE DIQIU SHENMI QI'AN

出 版 人	华　鹏
策　　划	钟　雷
主　　编	崔钟雷
副 主 编	刘志远　杨　楠　张婷婷
责任编辑	栾　云
开　　本	700mm×1000mm　1/16
印　　张	10
字　　数	120千字
版　　次	2011 年 2 月第 1 版
印　　次	2023 年 6 月第 4 次印刷
出版发行	吉林美术出版社
地　　址	长春市净月开发区福祉大路 5788 号
	邮编：130118
网　　址	www.jlmspress.com
印　　刷	北京一鑫印务有限责任公司
书　　号	ISBN 978-7-5386-5237-6
定　　价	39.80 元

前　言

　　书，是那寒冷冬日里一缕温暖的阳光；书，是那炎热夏日里一缕凉爽的清风；书，又是那醇美的香茗，令人回味无穷；书，还是那神圣的阶梯，引领人们不断攀登知识之巅；读一本好书，犹如畅饮琼浆玉露，沁人心脾；又如倾听天籁，余音绕梁。

　　从生机盎然的动植物王国到浩瀚广阔的宇宙空间，从人类古文明的起源探究到 21 世纪科技腾飞的信息化时代，人类五千年的发展历程积淀了宝贵的文化精粹。青少年是祖国的未来与希望，也是最需要接受全面的知识培养和熏陶的群体。"新概念阅读书坊"系列丛书本着这样的理念带领你一步步踏上那求知的阶梯，打开知识宝库的大门，去领略那五彩缤纷、气象万千的知识世界。

　　本丛书吸收了前人的成果，集百家之长于一身，是真正针对中国青少年儿童的阅读习惯和认知规律而编著的科普类书籍。全面的内容、科学的体例、精美的制作、上千幅精美的图片为中国青少年儿童打造出一所没有围墙的校园。

编　者

目 录

亚洲

欧洲

亚 洲

YAZHOU

神秘的喜马拉雅

巍峨的喜马拉雅山脉终年白雪皑皑、云遮雾绕。千年以来它一直被人们尊称为圣山，然而它是如何出现的呢？它已经巍然屹立了多少个世纪呢？在喜马拉雅山上发现的海洋动植物化石是否暗示它与海洋的神秘关联呢？一切的谜团，都有待人们去破解。

喜马拉雅山脉是传说中的"众神的住所"。这里有世界海拔最高的圣母峰，又称珠穆朗玛峰或埃维勒峰，也就是尼泊尔人的萨嘉玛莎，即"海之崖"。

喜马拉雅山脉西起帕米尔高原，东到雅鲁藏布江大拐弯处，东西长约 2 400 千米，南北宽约 200 千米～300 千米，平均海拔为 6200 米，是世界上海拔最高的山脉。"喜马拉雅"一词源于梵文，原意为"雪的家乡"。整座山脉海拔很高，终年被积雪覆盖。其中海拔 7 000 米以上的高峰就有四十多座。位于中国和南部邻国交界处的是喜马拉雅山脉的主脉，宽 50 千米～90 千米，有 10 座 8 000 米以上的山峰耸立在这里。各山峰的高度平均超过 5 791 米。喜马拉雅山脉的庞大，完全可以把欧洲的整个阿尔卑斯山脉围绕在正中。此外，喜马

拉雅山脉和喀喇昆仑山共有五百多个高过 6 096 米的山峰。其中一百多个超过 7 315 米。世界第一高峰珠穆朗玛峰海拔 8 848.86 米，如同一座美丽的金字塔雄踞喜马拉雅山的中段。

喜马拉雅的形成

这么庞大的山脉，到底是怎么形成的呢？

想弄清楚这个问题可不是一件容易的事情。在恶劣的气候环境、各种地质变化因时因地各不相同、缺乏可以证明年代的化石、岩石构造混淆不清等情况下，探索远古地壳变化的历程，几乎成了一个不可能完成的任务。

地质学家已达成共识的是：从阿尔卑斯山脉到东南亚各大山脉的欧亚大陆山系（包括喜马拉雅山脉），都是因地壳的强烈运动而产生的，地壳隆起将一块古代深海海沟里极厚的沉积岩层推出海面，即地质学家所说的"古地中海"。这种庞大的、使山脉隆起的力量是如何产生的呢？德国地质学家魏格纳认为这种力量来自大陆漂移，这一观点得到了大多数地质学家的认同。

地质学家认为地球上的岩石圈分成若干大块，叫作板块。这些板块并非固定不动，而是可以漂移的，就像悬浮在地幔软流层上的"木筏"。按照这种学说，亚洲大陆是一个板块，南亚次大陆也是一个板块。在距今大约 3 000 万年前，南边印度洋地幔下软流层的活动引起了洋底扩张，南亚次大陆板块开始北移，直到和亚洲大陆板块相遇。处在这两大板块之间的喜马拉雅古海受到强烈挤压而被猛烈抬升，于是沧海变成了高山。在地质史上，这次强烈的造山运动，就叫喜马拉雅造山运动。喜马拉雅造山运动虽然发生在 3 000 万年前，可它还是地质史上最近的一次。所以，喜马拉雅山脉从"年龄"来说，可以算是很年轻了。

我们不敢确切地说喜马拉雅山脉是否还在缓慢上升，因为测量技术还达不到那么精确。但我们可以确信地壳一直在运动中。喜马拉雅

山脉地区及恒河盆地的剧烈地震证明了这一点。

世界最高峰

在神话传说中，珠穆朗玛峰是长寿五天女居住的宫室。珠穆朗玛峰终年积雪，是亚洲和世界第一高峰。藏语"珠穆朗玛"就是"大地之母"的意思。藏语"珠穆"是女神的意思，"朗玛"应该理解成母象（在藏语里，"朗玛"有两层含义：高山柳和母象）。珠穆朗玛峰是一条近似于东西走向的弧形山，峰体呈金字塔形，在100千米以外清晰可见，给人一种庄严、肃穆的感觉。珠穆朗玛峰山顶的冰川面积达10 000平方千米，雪线（4 500米~6 000米）呈北高南低的走势。峡谷中有几条大冰川，其中东、西和中绒布三大冰川汇合而成的绒布冰川最为著名。珠穆朗玛峰自然条件异常复杂、气候恶劣、地形险峻。珠峰南坡降水丰富，1 000米以下为热带季雨林，1 000米~2 000米为亚热带常绿林，2 000米以上为温带森林，海拔4 500米以上为高山草甸。北坡主要为高山草甸，4 100米以下的河谷有森林及灌木。山间有孔雀、长臂猿、藏熊、雪豹等珍禽奇兽及多种矿藏。

珠穆朗玛峰以其"世界第一"的名号，吸引着世界各国的登山探险者。从18世纪开始，就陆续有不同国家的探险家、登山队试图

征服珠峰，但直到 20 世纪 50 年代以后，才有人从南坡成功登上珠峰。英国的探险家在 1921 年—1938 年先后 7 次试图从北坡攀登珠峰，都遭受了失败，有人还为此失去了生命。北坡被称作"不可攀缘的路线""死亡的路线"。地质学家诺尔·欧德尔从艰险的北面峰曾经爬到约 8 230 米处，首次发现珠峰的金字塔形峰顶的构成成分是古地中海的石灰岩，距今 3.5 亿年。

从加德满都到珠峰山脚，全程约 290 千米，路途崎岖，气候变幻莫测。横过小喜马拉雅山脉时，会发现近代人类是真正的地形的改造者。大部分山坡被开垦成了梯田，森林被砍伐后尚未耕种的山侧，有一条条冲蚀的痕迹。向北望去，大喜马拉雅山脉似乎就在眼前。山脊和扶墙似的斜坡、山谷和冰川，在阳光下总是呈现一片乳白色，看上去好像悬在空中一样。

人们登山探险时，通常需要在桑伯奇寺院休息几天以使身体适应高原气候。等到各种高山病症消除后，再继续前进。攀上4 572米高处，登山队员便进入了只有风雪冰石的环境中。登山队员沿着天然的冰川大路向上攀登，在许多巨大的冰柱脚下通过。这种怪异的

绵延高耸的喜马拉雅山脉

冰柱，是冰川融解与蒸发下形成的，有时高出冰川约 26 米。昆布冰川源于一个大"冰斗"，是地质结构中较脆弱的部分，长时间遭受侵蚀而形成的。这个冰斗是个圆形峡谷，由珠峰、罗孜峰及纽布孜峰三座山峰环抱而成，英国人称它为"西方冰斗"。昆布冰川在 6 096 米的高处从冰斗泻下，形成约 610 米的冰瀑，每天移动约 0.9 米。

大多登山者通常会在冰斗下面大约 5 486 米的地方扎营，这基本是健康人能够长时间适应的高度极限。这里的大气压力仅是海平面的 1/2，在珠峰顶则仅及 1/3。在海拔 5 486 米以上，由于缺氧，人很容易就会出现疲倦、体重减轻、体能减弱等现象，再加上严寒和烈风，都会成为攀登时的主要困难。

瑞士人将西方冰斗叫作"寂静谷"。这个名字并不太贴切，山侧确实可以避风，但绝非寂静无声。夜晚的时候，峰顶剧烈的风声和雪崩造成的隆隆声，交织成奇怪的声音，使人难以入睡。到约 7 010

喜马拉雅山终年覆盖着积雪，在阳光的照射下，给人一种庄严肃穆的感觉

米的高处时，人们开始需要使用氧气瓶。如果克服不了缺氧的困难，就会对生命造成威胁了。此时若继续前行，登山队员们的鞋底就会刮到黄褐色的岩石。这里称为黄岩带，是圣母峰上古地中海沉积物的一种界标。这里已经不适合人类长时间停驻了。

当登上珠峰最高点的时候，登山队员一路的疲惫突然显得微不足道，因为景色实在是太美、太宏大了：向北望去是紫褐色辽阔的青藏高原，向南望去则是"雪的家乡"。远处，一片薄雾笼罩之下的是印度平原。看见这样的景色，人们所能做的，只剩下感慨自然的伟大和人类的渺小了。

深埋地下的超级大洋

沧海桑田的千年巨变使得地球发生了翻天覆地的变化，然而远古时的地球到底是什么样呢？科学家研究后发现，在地球内部竟然有着一个相当于北冰洋大小的水库，这究竟是什么原因呢？

有关地下大洋的争论

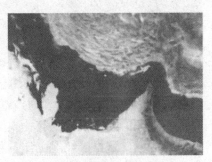

2007 年，美国科学家在东亚地下发现巨大水库在科学界引起了轰动。两名科学家耶西·劳伦斯和迈克尔·维瑟逊在对地球内部深处进行扫描时，竟意外发现了在东亚地下有一处含水量巨大的水库，该水库的含水量堪与北冰洋相比，更令人吃惊的是，它的含水量极有可能超过北冰洋。这一重大发现在科学界引发了一场关于地下是否存在大洋的激烈争论。

北京地下的异象

之所以得出这一结论，是耶西·劳伦斯和迈克尔·维瑟逊通过分析六十多万份记录地震穿过地球时产生的地震波得出的。他们在分析世界各地的地震波图片时发现，地震波在东亚地下出现

了减弱的现象，在中国北京市地下尤为严重。因水可以减慢地震波的传播速度，所以他们推断，东亚地下应该存在一个巨大的水域。然而，他们推断这个地下水域应该是地表以下 700 千米 ~ 1 400 千米内的含水的岩石，岩石的含水量不到 0.1%，并不是真正的大洋。即便如此，因其范围很广，所以将这一区域的水量累积起来也是相当惊人的。

板块运动在作祟

对于地球深处为何会含有如此大量的水，地质学家作出了这样的推断：若地幔深处的岩石真的含有水，那么最大的可能就是由于板块运动造成的。海洋板块和大陆板块始终都处于相互运动的状态。在东亚一带，太平洋板块与大陆板块在运动过程中相互挤压，大陆板块很容易俯冲到海洋板块以下。这就使得大量的海水被带入地下，并逐渐渗入地幔内。

高举反对牌

然而很多科学家对这一结论持反对意见，他们认为，地震波的衰减受多种因素影响，除水之外，不同性质的岩石、过渡层等都有可能会引起地震波的衰减。而且，如果地壳某处产生裂隙，那么地幔上部的物质就会喷出地表，从而形成火山。假设地幔真的有大量含水的岩石，那么岩石中的水在地下高温、高压的情况下也一定会蒸发出来，形成间歇泉、温泉等，然而东亚地区并未出现这一现象。因此，对于东亚地区地幔层是否有水这一问题，仍需要进行更深层次的研究。

罗布泊迁移之谜

罗布泊这个生命禁区一直为人们所关注，围绕着罗布泊产生了许多难解的疑团，罗布泊不断变化的地理位置更是引起了许多科学家的兴趣。

罗布泊是我国新疆东部一片充满传奇色彩的神秘地带。相传，昔日的罗布泊相当美丽，是一个平静而充满生气的湖泊，那里上有飞鸟，下有走兽。如今的罗布泊却早已枯竭，成了一个沙丘连绵、枯骨遍地、地貌狰狞的死亡地带。据说，两千多年来，罗布泊一直在不断地移动着自己的位置，共迁移了三次。对于这一说法的真实性，至今仍存有较大争议。

游移不定

据史料记载，历史上罗布泊的面积曾达到过 5 350 平方千米。19世纪 60 年代初，罗布泊曾一度因缺水而渐趋枯竭。众多科学家曾经来到罗布泊进行实地考察，然而对于罗布泊的确切位置却始终是众说纷纭，各持己见。20 世纪初，瑞典探险家斯文·赫定在进行了实地考察之后，提出了罗布泊"游移说"。他认为罗布泊有南、北两个湖区，由于河水带来了大量泥沙，沉积后使得湖底抬高，原来的湖水就向另一处更低的湖区流去；一段时间后，抬高的湖底在风蚀作用下会再次降低，这样湖水就会再度回流。这一周期为 1 500 年。这样不断地周而复始，才使得罗布泊的位置游移不定。

不切实际的推断

斯文·赫定的"游移说"曾长期为中外学者所认可。不过近年来，我国的科学家在经过多年实地考察后，对这一学说提出了很大的质疑。罗布泊是塔里木盆地的最低点和集流区，湖水不可能倒流，而且流入罗布泊的泥沙很少，短期内湖底地形是不会出现巨大变化的。我国科学家经过对湖底深积物的分析证明，罗布泊一直是塔里木盆地的汇水中心。这就彻底否定了斯文·赫定的"游移说"。不过，我国地理学家奚国金认为，历史上罗布泊确实移动过位置，它是随着塔里木河下游河道的变迁而移动位置的。并不是斯文·赫定所说的周期为 1 500 年。罗布泊真的"游移"了吗？我们至今还难下定论。

"大耳朵"之谜

由美国宇航局 1972 年 7 月发射的地球资源卫星拍摄的罗布泊的照片上显示，罗布泊形状竟酷似人的一只耳朵，为什么会形成这样的"大耳朵"形状呢？有观点认为，之所以会形成这样的"大耳朵"，主要是罗布泊在不同滞水期积聚的湖滨盐壳在太阳光下折射出的不同色彩轮廓。正因为干涸湖床微妙的地貌变化，影响了局部组成成分的变化，从而使得干涸湖床的光谱特征受到很大的影响，形成了"大耳朵"。不过这一观点仍存在诸多争议。

敦煌石窟之谜

莫高窟是中国四大石窟之一，也是世界上现存规模最大、保存最完整的佛教艺术宝库。栩栩如生的雕像和壁画，诉说着千年的沧桑。然而，莫高窟是何时、何人发现的呢？敦煌文物又是因何流落国外的呢？

敦煌石窟位于甘肃省河西走廊西端的敦煌市。敦煌是古代"丝绸之路"上的名城重镇。在漫长的东西方文化交流的历史长河中，这里曾经是中西文化的荟萃之地。彼此之间的相互交融，创造出世界瞩目的"敦煌文化"，为人类留下了众多的文化瑰宝。

中国最神奇、最壮丽的景色之一就在敦煌城东南鸣沙山东侧的断崖上——千佛洞的一大片蜂窝状石窟。

文物失窃

石窟洞壁上布满了神态生动、内容丰富的壁画，表现出中国古代社会生活和思想的丰富多样。洞窟内还有上千座彩塑佛像，这就是千佛洞旧称的来历。此外，还有藏书约达 30 万卷的藏经阁，收藏着 11 世纪或更早时期有关农事、医药、法律、科学、天文、历史、文学和地理等的经籍，更有一批精美丝绢及彩图卷。但经籍和艺术藏品在"文物盗窃案"中现已散失不全。

敦煌石窟内的佛像雕塑

所谓"文物盗窃案"的经过是这样的：19世纪末，敦煌石窟在历史的长河里静默。没有佛教徒去参拜，流沙也堵住了洞口。当时一个名叫王圆箓的穷道士来到鸣沙山，发现了这些湮没在沙尘中的石窟群。他将一个石窟打扫干净住了进去。

有一天，他在其中一个石窟中清扫时，偶然间发现一间密室，里面有大量的古籍和其他物品。王道士赶紧将此事禀报敦煌县衙，但是等候多日，仍不见有任何回音。王道士没有办法，只好再次去县衙打听，敦煌县衙的官员却只是让他代为妥善保管。

经过王道士整理后的敦煌石窟有了一些游客，敦煌发现宝物的消息也传了出去。1907年3月，英国探险家斯泰因来到敦煌。他参观了千佛洞，来到了王道士的洞窟。斯泰因在王道士身上做足了功夫。他先是说只想拍摄一些壁画的照片，过了很长时间才提出想看看古籍的样本。当发现王道士对此感到不安时，斯泰因就岔开话题。过了些日子，斯泰因又绕到了这一话题上，他说了很多好话，并表示愿意给王道士一大笔钱来修缮寺院——这是王道士最大的愿望。

就这样，斯泰因取得了王道士的信任，进入了密室。斯泰因面对那些古籍的时候，强按着内心的喜悦，表现出一点都不在意的样子，让王道士以为自己发现的东西并不值钱。斯泰因后来又编造了一堆听起来可信度颇高的谎话，将古籍骗了出来，斯泰因不断以"捐助修缮寺院"的名义塞给王道士一些金钱，王道士就这样留下了千古罪名。

斯泰因从王道士手中共弄到24箱文物，其中包括三千多卷经籍和二百多幅绘画，还有装得满满的5箱绢帛。这么多稀世珍品，斯泰因仅花费了相当于现在的50美元就从王道士的手里以"随缘乐助"的名义骗到了手。

珍贵的文物

这些珍贵的敦煌文物，至今仍然存放在大英博物馆。事实上，藏经洞里的宝物比斯泰因想象的具有更加巨大的价值。经过研究，证实所有的手抄本都是宋真宗在位（公元997年—1022年）之前的文物，这些经书中包括公元3世纪和公元4世纪时的贝叶梵文佛典，也有用古突厥文、突厥文、藏文、西夏文等文字写成的佛经，还有世界上最古老的手抄经文，甚至连大藏经中都未曾收集到的佛典都有。出土的藏经中甚至有禅定传灯史的贵重资料，各种极具价值的地方志，摩尼教和景教的教义传史书。其中还有大量的梵文和藏文典籍等，对于当今古代语言文字的研究有着重大意义。另外，其中包含的各类史料也在很大程度上影响了以后的外国史学和中国史学的研究。

敦煌石窟出土的经卷对世界文化史上的所有领域而言，都是璀璨的珍宝。当然，要想判明它们对这些领域的改变到底能起到多么大的作用，还需要后人付出更多的时间进行研究。

格筛龙潭之谜

$\mathbf{大}$自然中有许多神秘的现象令人费解：有些泉水会招蜂引蝶；甚至有些潭水会定时鸣响，奏出各种悦耳的乐器声……

在我国贵州省长顺县睦乡简南村摆拱上院有一处神奇的格筛龙潭，潭水犹如一座巨型"闹钟"，一般一年中会鸣响两次，有时会一年中鸣响一次或相隔两年响一次。潭水鸣响的声音悦耳动听，有锣鼓声、木鱼声、笛声、唢呐声和月琴声等不同响声，而且响起来具有极强的节奏感，宛如优美的交响乐曲，令游客们为之流连忘返。格筛龙潭每响一次，持续时间多则5天，少则3天，之后就会下五天六夜的瓢泼大雨，致使洪水暴发，常常淹没大片良田。这种预兆十分神奇准确，当地群众称这处潭水为"气象台"。格筛龙潭为什么会定时鸣响，而且紧接其后的就是连日阴雨天气，这一现象迄今为止还没有人能够揭开其中的奥秘。

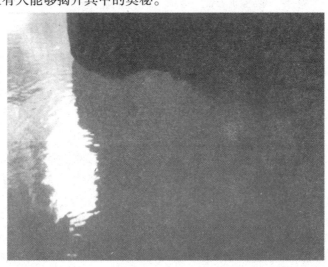

黄土高原成因之谜

黄土高原是我国的四大高原之一。黄土掩盖了整个高原，土黄色是这个高原的底色调，面对着高耸的黄土高原，人们不禁会问：这么多的黄土到底是哪来的？这黄土高原又是如何形成的呢？

我国是黄土面积最广的国家之一。该土质为黄褐色，实际上这种颗粒均匀的黄色土壤是由易溶解的盐类和钙质构成的，较为松散，且遇水后易崩解。我国的黄土高原就是由这种黄土构成的。黄土高原土层厚 80 米～120 米，最大厚度可达 180 米～200 米，覆盖面积达 63 万平方千米，堪称世界之最。

黄土究竟来自何处

这些厚厚的黄土究竟来源于何处？有科学家认为这些土质是自然风成的，其原籍在新疆、宁夏北部、内蒙古地区乃至远在中亚的大片沙漠。荒漠上气候干燥，风蚀较强，可使顽石崩裂成无数的细小沙粒，这些沙粒在强大的反气旋和强风的作用下，随风飘逝，不远万里地来到我国黄河流域一带沉积下来，长此以往，就形成了一片辽阔的黄土高原。人们研究发现，越往西部地区，黄土的颗粒就越粗糙，这也是风成原因的一个重要依据。据前《汉书》记载：公元前 32 年，即汉帝建始元年 4 月的一天，"大风从西北起，云气亦黄，四塞天下，终日夜下着地者黄土尘也。"这便是历史上关于黄土

风成的佐证。

然而，近年来历史又重演了，1984年4月26日，陕西省关中地区天色突变，空中黄色的沙尘纷纷扬扬地飘落，碧空晴日瞬间消失，街道上的汽车亮着大灯缓缓前进。原来，这场罕见的黄色风暴源自南疆，且途经甘肃、宁夏等地，一路上裹挟着大量黄土尘埃呼啸而来，最后在陕西等地区降落。这又为黄土来自新疆、中亚地区的说法提供了一个确凿的证据。

 ## 众说纷纭

有科学家经过细心考察，否定了黄土风成的说法。这其中有两个理由：

首先是黄土分布高度的极限问题（高度各地不一），即超过一定的高度，黄土就不再出现了，这便否定了黄土是由风携带而来、由高空下落的假说；其次是人们发现黄土层的底部有一层砾石，而这些浑圆的砾石却是典型的河流沉积物。于是科学家们认为：黄土是水流冲击形成的，且黄土的"原籍"位于黄河上源。

除此之外，对黄土的成因还有各种看法：一种观点认为黄土既非风成，也非水成，其"原籍"就在本地，是真正的"土生土长"。另一种观点认为，黄土一部分是由大风从西北、中亚地区刮来；一部分是由源源不绝的河流携带而来；同时还有一部分是在本地土生土长的基岩上风化形成的，它是由三种作用共同形成的结果。然而迄今为止，对于黄土的原籍究竟在何处？人们仍然在进行着无休止的争论。

日本圣山之谜

"**玉**扇倒悬东海天"，富士山是日本民族最引以为傲的象征。富士五湖、富士樱花，映花水色、湖映山色，湖光、山色、花容，一直是世界闻名的胜景。然而，最为神奇的是传说富士山能够治病。又是什么原因使得它具有医疗功效呢？至今无人能解释其原因。

在日本国民心中，富士山和樱花一直是完美的象征。观赏富士山，四季皆宜，昼夜均可。据说，春天时登上白雪皑皑的顶峰，观赏山下怒放的樱花，那种感受要远远胜过观赏富士山的其他美景。富士山高 3 776 米，是

日本最高的山峰。富士山不仅在日本神道教中有特殊的地位，对佛教亦有重大含义，佛教徒认为海拔 2 500 米处的绕山小径，是通往另一个世界的通道。

 风景如画

日本画家画了很多有关富士山的著名风景画。富士山吸引人的地方在于其四季变幻的风景和深厚的文化内蕴。日本文人赞道："富岳虽隐于冬雨寒露中，但仍显喜悦之情。"美国作家希恩因喜爱富士山而加入日本国籍，他曾说富士山是"日本最美的景色"。

日本土著虾夷人视富士山为神明，并以他们的火女神之名"富士"为此山命名。日本人对富士山一向崇敬，所以沿用了虾夷人为

它取的这个名字。按照日本神道教的信仰，万物都有神灵，而山岳更是特别神圣。富士山是日本最高、最美的山，因而备受尊崇，很多人视之为众神之乡，成为万民神往的神圣之地。

富士山山顶的神道寺建于2 000年前，修建时处于火山活动的活跃时期，当时的天皇命令建寺，以期安抚诸神。第二次世界大战结束时，仍有不少日本人认为攀登富士山是他们的神圣义务。20世纪有记载描述，数以千计的善男信女，身穿白袍，足踏草鞋，头戴帽子攀登此山。因为信徒所穿的草鞋都不结实，要走完那9小时的山路，必须带上许多双鞋子，所以路旁堆满了人们丢弃的草鞋。

山光水色

富士山的山坡呈45°，近地面时坡度减小，趋于平缓，其周长126千米。北麓有五个湖排成弧形。春天，这里繁花锦簇，莺歌燕

在绿树的映衬下远眺美丽的富士山

富士山海拔并不高，但给人一种肃穆、祥和的感觉

舞；秋天，湖畔部分原始森林显出火红秋色，继而转为深浅不一的褐色。从这几个湖的湖面观看富士山，如镜的湖面，映出美丽的富士山。

 ## 神奇富士山

富士山的神秘就在于人们世代相传此山能够治病。这一说法甚至在某些日本野史中也有记载。据说，只要病人一心向善，登上富士山就可以治好或减轻自身的病痛。富士山究竟有什么神奇的力量可以医治人的疾病呢？目前为止还是一个未解之谜。

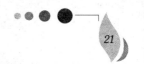

神秘的地震云

空中出现一条黑白相间的蛇表长云，将天空一分为二，"飞蛇"出现后，地震随之而来，二者之间有必然的联系吗？"飞蛇"的出现是地震即将发生的征兆吗？

 ## 地震预报

地震是一种能给人们的生产和生活带来巨大破坏的地质构造灾难。从古至今，人们对地震的观测和预报工作就一直在探索进行着，但由于地震的成因错综复杂，各地的地质构造情况又不尽相同，时至今日，科学家还是不能准确地对地震进行预报。

魔云现身

1948 年 6 月 28 日，战后的日本奈良市天空晴朗，上午时分，奈良的天空中突然出现了一条黑白混杂的蛇皮状长云，仿佛把天空撕

成了两半。一个名叫键田忠三郎的年轻人无意中抬头看天的时候，发现了这个蛇状怪云，他心底升起了一种不祥的预感。谁料到，他的预感很快就成为事实——两天之后，奈良市的福井地区发生7.3级大地震！在这次地震之后，键田忠三郎发现，只要这种不祥的蛇状怪云出现，就总有地震伴随发生。

灾难前的征兆

事实上，这种极其特殊的"蛇皮怪云"就是地震云，它是预示某地将发生地震的一种常见前兆。目前，科学家已知的地震云有三种：一是走向垂直于震中并飘浮在震区上空的稻草绳状或条带状云；其次是焦点位于地震上空，由数条带状云相交在一点构成的有规律的辐射状云；第三种是像人的两排肋骨的条纹状云。根据观测，地震云在某地持续的时间越长，对应的震中越近于地震云；地震云条纹越长，距

天空中出现了地震云，这预示着这里不久将发生地震

离发生地震的时间就越近。面对这一事实，人们不禁要问，地壳的变化为什么会从云中反映出来呢？

地气腾空

部分日本地震学家认为，地震带的地壳内富含水汽和各种气体。当地壳断裂即将发生时（地震），地壳的断层和裂缝活动异常激烈，必然会使高温高压的地气自下而上地前进。当这些高温高压的地气从地表冲出后，在极短的时间内体积会急剧膨胀，使当地空气增温

并产生上升气流；气流在高空遇冷后冷却，饱和后就会凝结形成怪异的地震云。

其他假说

也有专家认为，地壳断裂带所迸射出来的高温热气，会以超高频或红外辐射的形式加热地震当地的上空云层，从而形成条带状地震云。断裂带基本垂直于震

地震后的废墟

波的传递方向，条带状地震云也由此而产生。还有的人认为，地震云的出现可能只是一种巧合，毕竟世界上不是所有的地震发生时都曾出现过"蛇状怪云"。目前，科学家仍在坚持不懈地深入研究这一现象，希望科学能早日给人们一个满意的答案。

乐山巨佛之谜

"**山**是一尊佛，佛是一座山。率领群峰来，挺立大江边。"这是诗人们对乐山大佛的赞叹。然而有人却在那里发现了佛中有佛的奇景，并将其称为乐山巨佛。到底大佛与巨佛存在怎样的联系呢？大佛又为何选在栖鸾峰呢？这些谜团可能会在不久的将来被解开。

1989 年 5 月 11 日，广东省顺德县冲鹤乡 62 岁的一位姓潘的老人正在兴致勃勃地游览乐山名胜。当他乘船返回时，偶然回望对岸古塔，塔的周围正搭架重修。此时天气晴朗，山水云天颇具画意。他就举起照相机，拍了一张风景照。5 月 25 日，返回家中的潘老在朋友们的要求下，将照片拿出来看，友人们大加赞赏。潘老也在一旁欣赏，突然他觉得照片中的山形恰如一名仰卧的健壮男子，细看头部，更是眉目传神。老人兴奋不已，示以众人，无不称奇。照片一传十，十传百，前前后后共有五百多人来观看，观者无不惊呼："这才是真正的乐山巨佛！"

三座大山组成的大佛

潘老将这张照片印制多份，寄往有关部门。一天，在四川省文化厅工作的一位姓甘的工作人员收到了潘老拍摄的乐山巨佛照片。

乐山大佛依山凿成，临江危坐，头与山齐，足踏大江，双手抚膝，正襟危坐，神态肃穆。排水设施隐而不见，设计巧妙

这位从事文化事业几十年的老同志，手执照片，禁不住叫出声来："这的的确确是一尊巨佛呀！"从照片上看去，确实有一尊巨佛平静地仰卧在江面之上。

甘同志将收到的巨佛照片即刻送到周厅长处，厅长立即决定，派人进行实地考察。就这样一支由甘同志等人组成的乐山巨佛考察队出发了。考察队首先向潘老询问了拍照的时间、地点，及当时的情景。经过一个月的实地考察，最后终于在一个名叫"福全门"的地方照下了巨佛的身影。考察人员说，只有"福全门"才是最佳的观赏地点。从"福全门"处举目望去，仰卧在江畔巨佛的魁梧身躯清晰可见。形态逼真的佛头、佛身、佛足，分别由乌尤山、凌云山和龟城山三山连接构成。

仔细观察佛头，就是整座乌尤山，其山石、翠竹、亭阁、寺庙，加上山径与林木，呈现出巨佛的卷卷发鬃、饱满的前额、长长的睫毛、平直的鼻梁、微启的双唇、刚毅的下颌，看上去栩栩如生。

　　再观察佛身，是巍巍的凌云山，有九峰相连，宛如巨佛宽厚的胸膛、浑圆的腰脊、健美的腿胯。

　　远眺佛足，实际上是苍茫的龟城山的一部分，其山峰恰似巨佛翘起的脚板，如顶天立地的"擎天柱"，显示着巨佛的无穷神力。

佛中之佛

　　然而，更令人称奇的是，那座天下闻名的乐山大佛恰恰耸立在仰卧巨佛的胸部。这尊世界最高、最大的石刻坐佛身高 71 米，安坐于巨佛前胸，正应了佛教所谓"心中有佛""心即是佛"的禅语。这是否就是乐山巨佛所暗示的"玄机"呢？

　　乐山巨佛作为四川风光的重要景观，吸引了众多游客前来观看。那么，它是怎么形成的呢？这是它留给世人的一个谜。现在有一种推断：据《史记·河渠书》记载："蜀守冰凿离堆，辟沫水之害。""冰"即为李冰，是中国古代著名的水利工程师，也是都江堰的建造者，"离堆"就是乌尤山。到了唐代，僧人惠净为乌尤山立下这样的法规：任何人不得随意挪动和砍伐乌尤山的一石、一草、一木。代代僧众都视此法规为神圣不可违犯的信条，因而才保证了乌尤山林木繁茂，四季常青，人们才可能看到形态如此逼真的巨佛。

　　据研究乐山的专家们介绍，迄今为止还没有发现和听说关于巨

"九曲栈道"栈道第一折处的"经变图"雕刻精细并刻有楼台亭塔，是研究唐代建筑和石刻艺术的宝贵资料

佛的文字记载和民间传说。那么，巨佛是纯属山形地貌的巧合吗？但为何在佛体全身，人工的刀迹斧痕比比皆是呢？为什么在一千二百多年前的唐代开元年间，海通法师劈山雕凿乐山大佛时却偏偏选中了凌云山的栖鸾峰，并雕在巨佛心胸处呢？

如今，到乐山观光赏佛的游人络绎不绝。不仅国内游人如此，许多国外游人也慕名而来，尤其是考古者更是兴致勃勃。或许，在不久的将来，人们就能解开巨佛之谜吧！

神秘的吴哥古城

　　神秘莫测的吴哥古城隐藏在浩瀚的密林深处，在历经岁月的洗礼与风雨的侵蚀后它终于拂去尘埃神采奕奕地再现在世人面前。金色的阳光下，古城风姿绰约，雄浑壮观。然而，当人们再度转身探寻它隐含的秘密时，发现的却是无尽的谜团。

　　1861 年，法国生物学家亨利·墨奥特深入法属领地印度支那半岛的高棉内地，寻找珍奇蝴蝶标本。他雇佣了四位当地居民做自己的助手，他们手持砍刀，砍断荆棘，探索前进，不时有毒蛇阻路，藤葛缠身。随行的土著人在一座密林的前面停下来，拒绝继续前进，理由是前面的密林里有令人迷路和死亡的幽灵。

吉蔑王朝曾辉煌一时，在 12 世纪至 13 世纪的鼎盛时期基本上统治了整个中南半岛的大帝国，但它很快就淹没在历史的长河中

当亨利试图说服这些土著人的时候，土著人说出了一个更令他吃惊的消息——密林里有一座大城堡。这更加坚定了亨利要进入密林的决心。他付双倍的报酬给土著人，要求他们带他进去。

这一行人在密林里走了五天，一无所获。先前被利益所诱惑的土著人，这时再也忍受不了由于信仰带来的恐惧，不肯再留在密林里。就在他们决定折回的时候，五座古塔突然呈现在他们面前，中央的那座是其中最高最宏伟的，夕阳下它的塔尖闪耀着点点光芒。

这座藏在密林里的古城就是著名的吴哥城，古名禄兀。吴哥城占地面积东西长 1 040 米，南北长 820 米，是一座雄伟庄严的古城，城市中林立着几百座宝塔，周围更有宽 200 米的灌溉沟渠环绕，很像是一条守卫着吴哥城的"护城河"。建筑物上刻有浮雕，有仙女、大象等造型，其中最显眼的是 172 个人的"首级像"，壮观雄伟。这座古城中建筑物的种类繁多，有寺庙、宫殿、图书馆、浴场、纪念塔及回廊，由此可见当年在此兴建都市的民族必定是个文化颇为发达，并有高超建筑技术的民族，不然如何能建造出这样一座位列于世界最伟大的建筑之一的宏伟建筑？

亨利虽然想揭开古城的秘密，但却因染热病过世而未能如愿，后来由法国方面继续探索。

据调查，吉蔑人于 12 世纪在丛林中兴建吴哥城，吴哥城在 13 世纪达到鼎盛。

曾经的吴哥城

在吴哥城门口，除了狗和罪犯之外，任何人都可自由出入由兵士驻守的城门。那些达官贵人们居住在用瓦覆盖，面向东方的圆形屋顶下，而奴仆则在楼下忙于工作。

巴容神殿有二十多座小塔和由几百间石屋围绕着的一座黄金宝塔，有两头金色狮子在神殿的东边守卫着金桥，处处都显示出吉蔑帝国强大的财力。

国王更为尊贵，他穿着绸缎华服，头上时而戴着金冠，时而戴着以茉莉花及其他花朵编成的花冠。身上的佩戴更是价值连城，珍珠、手镯、踝环、宝石、金戒指……当其他大使或百姓想见国王时，便于国王每日两次坐朝时，坐在地下等待。在乐声中一辆金色车子载来国王，此时有锣声大响，官员须合掌叩头，等到国王在传国之宝（一张狮子皮）上坐定，锣声停止，众人才敢抬头瞻望国君之威仪，并将诸事奉告……

以上之细节可在周达观所著的《真腊风土记》里找到，从这些细节里不难看出吉蔑帝国不但有富庶的国力，而且是个有秩序、有法律的民族，人口达到 200 万左右。

然而 1431 年，暹罗人用 7 个月的时间，攻陷吴哥城，搜刮大批

吴哥古寺内有面向四方的菩萨头像，面露微笑，凝视着四方，神态安详，被称为"永恒的高棉微笑"，典雅的形象稳重端庄，面部表情栩栩如生。五层呈宝塔状的莲花样头饰，雕工极为精巧细腻

战利品而去。待到第二年他们再度光临吴哥城时，却发现这里变成了一座空城，不但没有半个人影，甚至连牲畜都不见踪迹。这些人究竟到哪里去了？

关于这座神秘空城的推测有很多种，有人认为可能是一场可怕的瘟疫侵袭了吴哥城，大部分居民都相继死亡，侥幸生存下来的人将死者遗体焚毁以避免瘟疫流行，然后怀着哀伤的心情，远走他乡；也有人认为国内发生过一场大规模内乱，国民互相残杀，所有的人都被杀戮一空，然而却没有一具尸体被发现！这听起来实在是太不可思议了！还有一种说法是暹罗大军攻占吴哥城之后，将所有的居民强行带到某地去做奴隶，然而孩子、病弱者、老迈的人也能充当奴隶吗？

究竟为什么吴哥城会空无一人，这个问题已经没有人能够解答了，但这座宏伟的建筑却依旧伫立在那里，留给人们的是无穷的猜测。

印度"圣河"之谜

发源于喜马拉雅山山脚的恒河孕育了辉煌灿烂的印度文明，是印度的象征。在印度教徒们眼中，恒河水是最圣洁的甘露，他们认为只有圣洁的恒河才能洗净虔诚的朝圣者充满世俗罪孽的灵魂，并使之得到拯救，因此恒河有"圣河"之称。

备受瞩目的圣河

恒河被看作净化女神的化身。她原先在天国中流淌，帕吉勒塔国王为了净化祖先的骨灰，将她带到人间。她如果直接落下，会冲走地上的人类，为了将洪水分流，她首先在湿婆的头顶落下，然后顺着她纷乱的头发化作涓涓细流。现在，每年都有朝圣者不辞劳苦，长途跋涉来到恒河，有的拖着病体，有的奄奄一息，都希望喝了恒河水，在圣水中沐浴之后，能洗净自己的罪孽。他们这种信念源于河水的降温功能。印度教的许多习俗都建立在这样的信仰上：权力，即酷热，如果说权力是邪恶的，那么用水给它降温会使权力失去作用。印度教徒还相信，如果他们在河边火葬，然后把骨灰撒在河里，他们的灵魂就会不用再忍受轮回之苦而直接升入天堂。

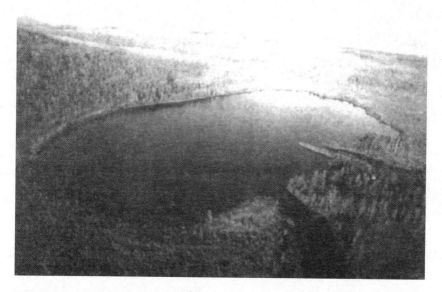

信徒们常在古城瓦拉纳西举行火化仪式，信奉印度教的人们相信湿婆常在这里的恒河边上巡视，凡在这里死亡并火化的，均可免受轮回之苦

 ## 恒河源流

恒河的源流从喜马拉雅山山脚冰洞中流出，在阳光下闪闪发光。这是印度最神圣的河，被称为帕吉勒提河。这条活力充沛的河流穿过加瓦尔山间的一个深谷，流经茂密的松树林、散发芳香的雪松林和鲜红的杜鹃花丛，来到代沃布勒亚格城。

巍然耸立的悬崖下，帕吉勒提河汹涌的河水与平静的阿勒格嫩达河水交汇，构成了真正的恒河，以更庄严的姿态流向赫尔德瓦尔城。这是恒河流经的最神圣的地域之一。每年春天，有超过 10 万印度教徒在此庆祝恒河诞生。他们用各种仪式来欢庆，祭祀活动众多，仪式也颇为独特。

 ## "治病"河

恒河只不过是一条普通的河流，由于宗教的原因增加了其神秘性。但恒河水治愈疾病的案例却屡见不鲜。这其中的真正原因到现在还是一个未解之谜，科学家正在努力探索。

"生命之泉"之谜

洁白的帕木克堡被形象地译为"棉垛城堡"这是因为帕木克堡的梯壁和阶地看上去好像棉花的白色绒毛一般。据当地人传说，古代的巨人曾经在这一片梯形阶地上晾晒所收获的棉花。远远望去，成团的"棉絮"惹人喜爱，让人忍不住想伸手去触摸……

 ## 喀斯特地貌

帕木克堡的梯壁、阶地和钟乳石分布范围约有 2.5 千米长、0.5千米宽，是附近高原上喷出的火山温泉的杰作。雨水溶解岩石里的石灰和其他矿物质，渗入地下成为泉水。泉水从高原边缘向下流淌时，便把这些矿物质带出来沉积在山石上。日积月累，凡是泉水流过的地方都被包上一层石灰质，逐渐形成了白色闪光的梯壁和钟乳石。

帕木克堡呈白色的梯形阶梯状，绒毛状的白色梯壁和钟乳石梯形阶地上有许多水池，乳白色的"阶梯"的主要成分是石灰质，石灰质和溶洞里常见的钟乳石相近

泉水医疗术

千百年来，富含矿物质的温泉一直享有"圣水"的美誉。据说温泉可以减轻和治愈风湿病、高血压和心脏病等多种疾病。

泉水的治病功效至少在几千年前就已在当地闻名遐迩了。据说，国王尤曼尼斯二世曾在喷泉的高原上兴建了希拉波利斯城。希拉是

该国创始人特利夫斯的妻子，因此尤曼尼斯二世便用她的名字为此城命名。

温泉之都

公元前 129 年，希拉波利斯城成为罗马帝国的领地，它被罗马几位皇帝选为浴场，其中就有尼禄和哈德良。在尼禄统治期间，该城毁于地震。罗马政府又建了一座新城，规模更大、更壮观，有宽阔的街道、剧院、公共浴场，还有用管道供应温水的住宅。

到了公元 2 世纪，又在这里建造了有不同温度浴室的澡堂。洗澡的人先在冷水浴室里洗，接着到中温浴室往身上涂油，最后到高温和蒸气浴室，用叫作擦身器的刮板把身上的油脂和污垢刮去。浴场还有一座小博物馆，陈列着精美的雕塑。有的浴室中还发掘出医疗用具和珠宝。

冥王殿

冥王殿是帕木克堡的特色建筑。冥王殿与太阳、音乐、诗歌和医药之神阿波罗的神殿相邻。两殿毗邻而建的用意是使冥王的黑暗与阿波罗神的光明力量互相抵消。冥王的黑暗力量似乎十分可怕，因为从冥王殿的一个岩洞里常常冒出一股毒气。据希腊地理学家和历史学家斯特雷波说，这种毒气足以使一头公牛立刻毙命。相传，毒气与恶鬼相伴。这种毒气究竟从何处而来，到目前为止还是一个未解之谜。

马特利之火

水火无情，人们对水和火总是莫名地敬畏，如果这二者再披上神秘的面纱，就更让人心惊胆战了。在沙特阿拉伯就曾发生过这种"无名之火"的现象，在没有任何外部因素的作用之下，大火会莫名而起，对于这种奇异的现象，人们给了它一个专有的名字，称其为"马特利现象"。

"无名之火"

沙特阿拉伯西部腹地有一个叫哈迪的小村子，村民拉西德·马特利有一间用羊毛做成的小毡房。有一年刚刚过完开斋节，一天中午，拉西德·马特利的那间小毡房不明原因地突然起火。他和妻子急忙把火扑灭。当时，他并没有把这次"偶然"事故放在心上。

可没想到，第二天，他家的另一间房子也无缘无故地着起了大火。他和妻子又急忙把大火扑灭了。这一回，拉西德·马特利的心里有点慌了神："我家怎么总是发生火灾呀！"随即他报告了村长，村长听了也感到很纳闷，就和拉西德·马特利一块儿来到他的家中。

村长朝周围看了看，刚要说话，拉西德·马特利家的房子又燃起了熊熊大火。这回的火势特别凶猛，大火怎么扑也扑不灭。结果，拉西德·马特利家的三间房子全部被烧成了灰烬。村长又赶紧报告了哈迪亲王府。可哈迪亲王府派出的调查组也查不出起火的原因。

马特利现象在世界其他地方也屡屡出现，在古籍中也可以寻找到马特利现象的影子，但是究竟原因如何，至今仍没有准确的答案

拉西德·马特利无奈地带着一家人搬到了距离哈迪村 30 千米远的哈斯渥。他找了一块平整的地方，动手搭建起了两顶帐篷，住了下来。奇怪的是，当他收拾好东西，刚想和妻子、女儿进帐篷去休息时，那帐篷突然之间又着了火。更加奇怪的是，他放在汽车里的一件衣服也跟着着起火来。科学家们知道后，纷纷前来研究。可他们观察了好长时间，也说不清楚是怎么回事。后来，人们就把这种奇怪的燃烧现象称为"马特利现象"。到目前为止，这种神秘的火灾起因仍然未被找到，科学家还在探索之中。

印度奇石

大自然暗含着无尽的神奇能量，如能够变换颜色的泉水；能够散发芬芳气息的奇异地带；还有可以自动演奏悦耳弦乐的沙土……然而，你知道有的石头竟然能够不凭借外力而自动升降吗？当你呼唤一个人的名字时，石头会随着喊声而飘然起落……

石头能不凭借外力自动升降吗？一个人的名字真的有如此大的力量让石头飘然上升吗？

据说，在印度马哈拉施特拉邦，有一座名叫希沃布里的小村庄。村里有一座安葬着宗教圣徒卡玛·阿利·达尔凡老人遗体的祠庙。令人称奇的是，祠庙门口的两块岩石竟可以随着人们呼喊卡玛·阿利·达尔凡的名字而飘起升到空中。如果很多人用右手的手指指着岩石，并异口同声不间断地喊着"卡玛·阿利·达尔凡"，岩石便会

马上上升到约 2 米的高度，直到喊声结束时才会落回到地面上，若不按这个过程来做，岩石是不会腾空而起的。

考古学家马克·鲍尔弗亲自证实了这件奇事。科学界至今还不能解释岩石升空的奥秘。这两块岩石是谁放在祠庙门口的？它又是受什么力量驱使而升空的呢？这仍是个未解之谜。

死海之谜

死海是举世闻名的旅游胜地。死海独特的地理环境和气候条件，造就了它神奇的面貌。《圣经》中罗得之妻的故事就发生于此。传说，当罪恶的所多玛城和峨摩拉城被天上降下的火和硫磺烧毁时，罗得之妻不听上帝劝告而在逃跑途中回首后顾，竟变成死海中的一根盐柱。

死海地貌

死海位于大裂谷北面的约旦谷谷底，其水面比海平面低 396 米。大裂谷始于约旦河上游，向南延伸穿过死海、红海和东非。死海有些地方深达 400 米，湖底几乎比海平面低 800 米。

死海西接干燥不毛的犹地亚丘陵，东临外约旦高原，沿谷底伸展约 80 千米，最宽处达 18 千米。

埃尔利垒半岛（舌头半岛）伸入死海之中，将死海分为两部分。北半部较大、较深；南半部平均只有 6 米深，矗立着白色的盐柱。

日益缩小的死海

如果海水不蒸发，水面每年将上升大约 3 米。但从 20 世纪初期以来，死海水面其实已经下降。原因是气候改变，以及约旦和以色列从约旦河和其他河流抽水灌溉，使注入死海的水量大大减少。

"死海不死"

死海几乎没有动植物，只有少数单细胞生物可在其中生存，因为死海的含盐量比海水高 6 倍。由于不断蒸发，死海水面往往浓雾深锁。中世纪的阿拉伯人认为雾气有毒，因此鸟儿无法飞越。但是，一种被称作"特里斯特兰"的海鸟为死海带来了生气。这种鸟属杂食性，多以小虫和植物种子为食。

早在公元 4 世纪，当地人就提取沥青用作尸体防腐剂。如今，死海周边居民多提取钾盐用作农业肥料。死海除了含盐之外，还富含其他矿物质，如钾、镁、镍等。这些矿物质据说可用于治疗各种疾病，尤其对皮肤病、关节炎、呼吸道疾病具有显著疗效。据说死海里的黑色淤泥可以使皮肤变得细嫩。

红海之谜

有人说，红海得名于其海底世界中大量繁殖的红色束毛藻。也有人认为，夕阳穿透云层，照耀红色山峦，映射在海中，散发红色光芒，红海因此而得名。然而，红海深处究竟隐藏着怎样的奥秘呢？红色的海水又有着什么神奇之处？

红海位于非洲东北部与阿拉伯半岛之间，形状狭长，从西北到东南长 1 900 千米以上，最大宽度 306 千米，面积 45 万平方千米。红海北端分叉成两个小海湾，西为苏伊士湾，并通过贯穿苏伊士海

和红海周围的荒芜的戈壁沙漠形成对比的是红海海底世界，红海的海底生活着各色的海洋生物，是一个五光十色、生机盎然的海底世界

峡的苏伊士运河与地中海相连；东为亚喀巴湾。南部通过曼德海峡与亚丁湾、印度洋相连。红海是连接地中海和阿拉伯海的重要通道，是一条重要的石油运输通道，极具战略价值。

关于红海名字的来历，有两种说法。第一种得到比较广泛的认可：海水一般呈蓝绿色，但当一种叫束毛藻的海藻大量繁殖并开花时，红海海水则变成鲜艳的红褐色，非常独特，人们因此称其为"红海"。另一种说法则比较有情调：大漠上夕阳西下，海中就会倒映出泛着红光的山峦，因此被叫作"红海"。

红海大约形成于四千万年前。那时，在今天非洲和阿拉伯两个大陆隆起部分轴部的岩石基底，发生了地壳张裂。千万年来，海水逐渐淹没部分裂谷，板块运动一直没有停止，齐整的红海两岸以每年10千米的速度反向移动。而且这样的运动不但没有停止的迹象，反倒有可能加速。这样的变化十分类似于大西洋，再过大约两亿年，红海很可能就与大西洋一样大了。

红海下的地壳运动，除了使红海的东西海岸线翘起分开以至于两岸的河水不再流到红海以外，分离板块的沿线火山活动的增多而导致水温上升至59℃，这是地球海面最高的温度了。

红海还是世界上最咸的海，含盐量达到4.1%。这是因为红海受东西两侧热带沙漠夹峙，常年空气闷热，尘埃弥漫，明朗的日子较少，红海降水量少，蒸发量却很高，每年损失相当于1.8米深的水，多亏印度洋通过曼德海峡向红海补水，才使其避免了干涸的命运。

科学家在这里发现了15个"深潭"，这其实是一些温度特别高、盐度特别浓的深溶蚀坑，矿物质含量极高。其重金属浓度竟然是普通海水中的30 000倍。仅在上层9米的深积土中，所含的铁、锰和锌总值就将近20亿美元。

红海最丰富的宝藏是那些生活在红海中的海洋生物。由于红海海水较暖，世界上最壮观的珊瑚礁聚集在陡峭的海岸边的狭长地带，它们最早形成于6 000年前，到目前为止，可辨认的品种有177种。

这其中的许多种类通常只在据此大约 2 500 千米的南边的赤道海域繁衍。这里非常拥挤，竟然出现 20 多种珊瑚挤在 3 米宽的地方生长的情况。这里是上千种鱼类栖息的乐土，鹦嘴鱼，海星，海蛞蝓，隆头鱼科的鱼则有五十多种。还有一些和其他地区珊瑚礁鱼群一样能够演变出变性能力的鱼种。

　　红海的海底世界五彩缤纷，沿岸荒凉的陆地与此形成了鲜明的对比。横跨西非毛里塔尼亚与中国中部戈壁滩的大沙漠被这片狭长的水域一分为二。2 亿年前，红海还只是亚非大陆中的一小片洼地，今天已经成了热带深海，说不定未来还会变成辽阔的海洋……

"墓岛" 之谜

位于太平洋上的"墓岛"怪石嶙峋，巨大的玄武岩石柱纵横交错，它们那离奇的传说，给它们蒙上了一层神秘的色彩。据说它们是波纳佩岛上土著人历代酋长的坟墓，然而，它们是如何建成的，至今无人知晓。

地球上共有大约 4 万多个大小不一的岛屿，而这些岛屿又衍生出了众多千奇百怪、光怪陆离的神秘现象。

 ## 墓岛初探

泰蒙小岛位于南太平洋波纳佩岛东南侧。泰蒙小岛的海岸线蜿蜒曲折，延伸出去的珊瑚浅滩上耸立着一座座由巨大的玄武岩石柱纵横交错垒起的高达 4 米多的建筑物，极目远眺，怪石嶙峋，仿佛是大自然留下的杰作，近看又像是一座座神庙。这就是南太平洋上的"墓岛"。据说它们是波纳佩岛上土著人历代酋长的坟墓，大大小小共有 89 座，散布在长达 1100 米、宽 450 米的海域上。它们之间环水相隔，形成了一个个看似天然形成的小岛礁。

泰蒙小岛的居民把这巨大的"石碑建筑"称作"南马特尔"。"南马特尔"按波纳佩语有两个含义：一个是"众多的集中着的家"；另一个是"环绕群岛的宇宙"。这些石碑状遗迹一半浸没在海水之中，因此，人们只有在涨潮时才能驾着小船一探究竟；退潮时，遗迹周围是一大片的沼泽地，人们无法进去。

死亡诅咒

关于这些古墓的来历，科学家们一直没有找到正式的文献记载。目前所掌握的资料是完全靠当地人世代口授流传下来的，至于口授的内容也只有当地酋长的嫡系血亲才有资格得知，一般只有酋长本人和酋长的继承人才知道，并严禁向外人泄露，否则泄露者会遭到诅咒，死神将降临。

在第二次世界大战期间，日本侵略军占领了波纳佩岛。日本历史学者杉浦健一教授曾利用占领者的权势，威逼当地酋长说出古墓的秘密，几天后，酋长意外地遭雷击身亡。那位杉浦教授正打算将记录的古墓秘密整理成书出版，却离奇暴毙。后来杉浦家族委托泉靖一教授继续整理出版，奇怪的是泉靖一教授不久也突然去世，从此再也无人敢去完成死者的这一遗愿。

同样的事件早在1907年德国占领波纳佩岛时就曾发生过。据说当时波纳佩岛第二任总督伯格对南马特尔遗迹兴趣浓厚，根据酋长的口授决定对伊索克莱尔酋长的墓进行大规模发掘，可是下令还不

到一天，总督就突然身亡。19 世纪时德国考古学家伯纳曾到波纳佩岛发掘文物，结果同样遭到暴亡的下场。

疑云密布

为了解开南马特尔遗迹的深隐之谜，近年来，不少欧美学者到波纳佩岛进行调查，他们一致认为，这项宏伟浩大的工程远非当地人力所能完成。据估算，南马特尔遗迹用了大约 100 万根玄武岩石柱。根据开采痕迹表明，这些石柱是从该岛北岸的采石场开凿，加工好后用筏子运到墓地的。根据测算，假设那时每天有 1 000 名壮劳力从事这项工作，那么仅仅采石一项就需要 655 年完成，将石料加工成五边形或六边形棱柱还需要 200 年—300 年，最终完成这项建筑至少需要 1 550 年时间。波纳佩岛现有常住居民 2.5 万人，而在建造古墓时人口不可能超过现在的 1/10。据此，1 000 名壮劳力实际上是该岛的全部劳动力，而为了生存，还需要一部分人去从事农业和渔业劳动。据用 C_{14} 对遗迹进行年代测定，表明该遗迹是在距今约 800 年前建造的。因此，学者们推想，这项工程实际上已超出了人力所能完成的可能。

美国的一个调查小组经过缜密调查，测定南马特尔遗迹是在 1200 年前后建造的。13 世纪初在历史上是萨乌鲁鲁王朝统治波纳佩岛的时期。所以美国调查组设想环绕海岛的南马特尔遗迹也许是作为王朝的要塞修建的。但萨乌鲁鲁王朝创始于 11 世纪，经历了二百多年就灭亡了。因此，在这样短的时间内就完成了南马特尔建筑，实在令人无法相信。于是，南马特尔建筑也就成了一个至今尚未解开的谜。

欧 洲
OUZHOU

奇异的贝加尔湖之谜

夕阳下的贝加尔湖闪耀着动人的光晕，令人目眩神迷、心神荡漾。然而这片亚欧大陆上最大最深的淡水湖更有着许多秘密。为何湖泊的深处仍能生活着大量生物，为何海洋生物可以在这里自由生活，这一切都引来了人们好奇的目光。

贝加尔湖面积为 3.15 万平方千米，最深处达 1 620 米，存储的淡水占世界淡水总量的 1/5。世界上一些著名湖泊的水量逐年减少，贝加尔湖水量却在逐年增加。

整个湖区以及附近一带生活着一千二百多种动物，生长着六百多种植物。其中地球上其他地方几乎没有的特种生物在此处多有发现，有些生物只有在几万年甚至几亿年前的古老的地层里才能找到与之相类似的化石。另外，还有不少生物，要到相隔甚远的热带或亚热带的某些地方，才能找到它们的同种或近亲。例如，有种藓虫类动物，在印度的湖泊里才能找到它的近亲；有种水螅，只有在中国的南方湖泊里才能见到；有种蛤贝，也只有在巴尔干半岛的奥赫里德湖中才能发现。

然而，令科学家们最感兴趣、最疑惑不解的是，许多地地道道的海洋生物在贝加尔湖中也能发现踪迹，如海豹、鲨鱼、海螺、奥木尔鱼等。世界上只有贝加尔湖湖底长着浓密的海绵植物群落，海绵中还生长着外形奇特的龙虾。一般湖泊深到二三百米时便很少有生物，贝加尔湖却是个特例，它的深处含氧丰富，生物种类奇多，甚至在其 1 600 米的底部仍可见到大量

贝加尔湖沿岸生长着松、云杉、白桦和白杨等组成的繁盛的森林。除距河口较远的上游区域有一些牧场外，贝加尔湖地区基本保持着良好的自然状态

生物。人们推测这与湖面强风吹袭，再加上每年大批沉入湖底的碎冰带来足够的溶氧有关。贝加尔湖内特有的扁形虫生物含量极其丰富，欧洲湖泊只有 11 种虾状的扁形虫，而贝加尔湖却有 335 种之多，其中有一种扁形虫长达 40 厘米，是目前世界上最大的一种，它可以猎食小鱼，足见其"身强体壮"。贝加尔湖的湖水一点也不咸，为什么会有如此多的海洋生物在此生活呢？这些海洋生物又是从哪里来的呢？科学家们对此进行了考察和研究。

海洋生物之谜

最初，中国科学家认为，地质史上贝加尔湖与大海相连，海洋生物是从古代海洋进入贝加尔湖的。苏联科学家维列夏金根据古生物和地质方面的材料推

测，一个浩瀚的外贝加尔海曾在中生代侏罗纪时存在过。后来由于地壳变动，留下内陆湖泊——贝加尔湖，而且随着雨水、河水的不断加入，咸水渐渐稀释，海洋生物慢慢地适应了这种环境并最终生存下来。到了 20 世纪 50 年代，随着钻探技术的进步，科学家们在贝加尔湖畔打了几个很深的钻井。在取上来的岩芯样品中，人们并没有发现任何中生代的沉积层，只有新生代的沉积层。其他的一些材料也证明，贝加尔湖地区长期以来一直是陆地，贝加尔湖也是因地壳断裂活动而形成的断层湖，从而否定了湖中海洋生物是海退遗种的说法。

那么，湖中的海洋生物来自何方呢？它们又是怎样进入湖中的呢？苏联的贝尔格院士等人认为，真正的海洋生物只有海豹和奥木尔鱼，它们可能是从北冰洋沿着江河来到贝加尔湖的。那么，如何解释海绵、龙虾、海螺、鲨鱼等生物能在此处被发现呢？苏联的学者萨尔基襄认为，贝加尔湖和海洋的一些自然条件有相似之处，如贝加尔湖非常像海洋盆地，所以在许多淡水生物的身上，产生了像海洋生物一样的标志。

关于贝加尔湖和特有的生物来源问题，至今仍是众说纷纭。最显而易见的疑问在于：为什么海豹和奥木尔鱼不在海洋中老老实实地生活，而出现在两千多千米外的淡水湖中呢？而且它们怎么知道，贝加尔湖是适于它们生活的地方呢？

贝加尔湖的众多谜团至今还在困扰着世界各国的科学家们。

通古斯大爆炸之谜

发生在通古斯的大爆炸，留下了许多疑点而让后人众说纷纭。到底是陨石撞击了地球，还是一场热核爆炸，抑或是其他一些反常的自然现象导致了这次大爆炸。人们至今没能找到一个合理的答案。

神秘大爆炸

通古斯大爆炸是根据事发地附近的通古斯河而命名的。1908 年

核爆炸发生后，先是产生发光火球，继而产生蘑菇状烟云，这是核爆炸的典型征象。核爆炸通过冲击波、光辐射、早期核辐射、核电磁脉冲和放射性沾染等效应起到杀伤和破坏作用

6月30日早晨，印度洋上空一个强度相当于广岛核爆炸数百倍的火球划过天空以风驰电掣般的速度向着遥远的地球北方冲去。不久后，一声震天撼地的巨响从西伯利亚中部的通古斯地区传来，巨大的蘑菇云腾空而起，直冲到19.31千米的高空，天空中出现了强烈的白光，气温瞬间灼热烤人，灼热的气浪此起彼伏地席卷着整个浩瀚的泰加森林，近2 072平方千米的土地被烧焦。人畜死伤无数。英国伦敦的许多电灯骤然熄灭，一片黑暗；欧洲许多国家的人们在夜空中看到了白昼般的闪光；甚至远在大洋彼岸的美国，人们也感觉到大地在抖动……科学家认为是一颗彗星或者小行星的残片引发了历史上有名的"通古斯大爆炸"。

通古斯大爆炸发生在北纬60.55°、东经101.57°，靠近通古斯河附近。具体时间为早上7时17分，后来经估计，这次爆炸的破坏力相当于100万吨~150万吨TNT炸药，可让超过2 150平方千米内的6 000万棵树倒下。专家推测说，如果这一物体再迟几小时撞击地球，那么此次爆炸很有可能发生在人口密集的欧洲，而不是人烟稀少的通古斯地区，那样所造成的人员伤亡和损失将不堪想象。

这次神秘大爆炸的威力巨大，以至于因爆炸而产生的地震波及美国的华盛顿、印度尼西亚的爪哇岛等地。同时，它那强大的冲击波横渡北海，使英国气象中心监测到大气压持续20分钟左右上下剧烈波动。爆炸过后，西伯利亚的北欧上空布满了罕见的华光闪烁的银云，每当日落后，夜空便会发出万道霞光，有如白昼。

一百多年来，科学家们一直没有

停止过对此事的调查，究竟是什么东西引起如此巨大的爆炸呢？这一问题深深吸引着天文学、地球学、气象学、地震学和化学等领域的科学家。

当地的通古斯人认为，此次大爆炸是上帝对他们的惩罚，一提起这场爆炸，他们便显得忐忑不安。

陨石引起爆炸

以苏联陨星专家库利克为首的科学考察队于 1921 年对通古斯地区进行了首次实地考察，他们宣称，爆炸是一次巨大的陨星撞击地球造成的。此次考察为科学地解释这一震惊世界的大爆炸奠定了基础。该科学考察队一直未找到陨星坠落的深坑，也没有找到陨石，只发现了几十个平底浅坑。"陨星说"还只是当时的一种推测，并没有充足的证据。随后库利克又对此进行了两次考察，并且发现了许多奇怪的现象，他们发现，爆炸中心的树木并未全部倒下，只是树叶被烧焦；爆炸地区的树木生长速度加快；其年轮宽度由 0.4 毫米~2 毫米增加到 5 毫米以上；爆炸

地区的驯鹿都得了一种奇怪的皮肤病——癞皮病等等。

科学家说法不一

　　第二次世界大战后，由于人类首次领略了核爆炸的威力，有专家指出，通古斯爆炸有可能是核爆炸。那雷鸣般的爆炸声、冲天的火柱、蘑菇状的炯云，还有剧烈的地震、强大的冲击波和光辐射……这一系列的现象都与核爆炸极为相似。苏联科学家法斯特经过35年努力，拼出了爆炸区域内被毁树木的详细解图，根据此图，科学家们推算出，造成爆炸的天体当时是自西向东飞行，在距地面6.44千米的高空被爆炸所毁，就此，大爆炸的真实原因逐渐露出端倪。

　　随着科学的不断进步，综合了各国科学家收集的材料，美国人甚至用计算机模拟出了大爆炸的真空效果。德国科学家提出这是一场"反物质"爆炸；美国科学家爱施巴赫认为这是宇宙微型黑洞爆炸；有人推测是一次热核爆炸；还有人推测这是外星人造访地球时飞船失事的结果。相信这一世纪之谜终将会随着科技的不断进步而被彻底揭开。

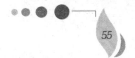

卡什库拉克山洞之谜

俄罗斯的一位科学家在西伯利亚地区卡什库拉克的神秘洞穴考察时，曾神奇地遇见一位巫师，之后前去探险的学者，在洞内发现一股固定的低频脉冲定时出现。山洞中究竟藏有何种物质至今仍是个谜。

1985 年，俄罗斯专家对位于俄罗斯的西伯利亚地区的神秘洞穴——卡什库拉克山洞进行了考察。考察结束后，几位考察专家准备返回地面，在系好防护绳向上攀登时队伍最末端的巴库林回头看了一眼山洞。他竟然看到了一个巫师打扮的中年人。那个人不断向巴库林招手，似乎是让巴库林跟着他走。巴库林出于本能地想快点离开这里，可自己的腿却始终无法移动，最后他只好大声向洞外的

队友求救。经过大家的努力，巴库林终于摆脱了洞穴中那神秘的"诱惑"，安全地回到了地面。

大胆的猜想

卡什库拉克山洞的外貌并不独特，与周围大大小小几百个洞穴差不了多少，可是一旦当人们进入洞穴后，便会有一种毛骨悚然的感觉，并且会觉得腿开始不听使唤。可回到地面后又说不清楚究竟是什么使自己如此害怕。对于这种现象可谓是众说纷纭，有人认为在山洞中可能存在某种化学物质，这种物质可以给身处黑暗中的人造成各种压力和幻觉；还有人认为这种现象可能和全息照相术有关。在某些特定的时间和物理条件下，山洞的岩壁能将以前记录下的某些信息再次显现出来，就像投影仪工作一样。其实，许多探险者都曾经历过类似巴库林的遭遇。

神秘的脉冲

为了查出造成这一现象的真正原因，部分专家学者决定对卡什库拉克洞穴进行更加系统的考察。当专家们来到山洞深处时，突然发现随身携带的磁力仪上的数字开始不停闪烁。经过专家的测试发现，洞穴中存在许多信号，在这些信号里

　　每一个进入卡什库拉克山洞的人都会经历一场惊心动魄的心灵斗争，这个神秘的山洞，不知道在它彻底的漆黑里隐藏了怎样的秘密

有一股固定的低频脉冲信号每隔一段时间便会出现一次。而这种脉冲信号发生时，人大脑就会感到非常压抑并惊慌失措。专家认为，有可能就是这种低频脉冲信号造成人们心理和生理上的紧张。那么，这种脉冲信号是从哪里来的呢？大家察看了整个山洞也没有发现信号的出处。究竟这些脉冲信号是发给谁的，又起怎样的作用呢？人们相信，这些谜团将会在不久的将来被破解。

火山口上的冰川

既有冰川，又有火山，这种地方似乎只有在小说中才会出现，但在现实世界中的确有这样神奇的地方。冰岛这个美丽的国度便将火山与冰川这两种本不相容的地貌和谐地融在一起，创造出如幻般的仙境，令人不得不感叹大自然神奇的创造力。

在冰岛的巨大冰原瓦特那冰川上，冰块的体积几乎相当于整个欧洲其他冰川的总和，面积差不多是威尔士或美国新泽西州的一半，其平滑的冠部更是伸展出了许多条巨大的冰舌。

这片冰封的荒地，正随着时缓时急的火山脉搏不断扩展、收缩和搏动着。

 ## 冰岛风光

冰岛的面积与爱尔兰岛差不多，但人口却还不如爱尔兰的一个中型市镇。冰岛居民主要散居在狭长的海岸线附近。从地质学来说，冰岛是新近形成的，并且这个过程仍在继续。它屹立在 6 400 千米厚的玄武岩上。在过去 2 000 万年里，大陆漂移使欧洲及北美洲慢慢背

向移动，使大西洋海岭产生巨大的裂缝，玄武岩就是从这个"裂点"涌出来的。

当年维京人刚到冰岛时（学术认定是在公元874年），冰岛的土地适宜农作物的种植。可从500年后的14世纪开始，冰岛气候大变，冰川侵入，海上的冰块激增。虽然19世纪后期气候有所好转，但有1/10的土地仍被冰川所覆盖，农作物种植受到限制。

冰川每年以大约800米的速度流入较温暖的山谷中；当它在崎岖的岩床上滚动时会裂开形成冰隙。冰块到达山谷时逐渐融化消失，留下冰川从山上刮削下来的岩石和沙砾。

冰岛有一句谚语："冰川带走了什么，就归还什么。"1927年，一位邮差在横渡布雷达梅尔克冰川上的一座雪桥时，同四匹马一起坠入了深深的冰隙中。7个月后，人和动物的尸体露出了冰面，这是怎么回事呢？原来是冰川上冰块的环形活动把上层的冰块卷到下面，又把下层翻卷上来。就这样，尸体被卷回了顶层。

大自然神秘莫测，许多现象都令人惊叹不已，冰川与火山的交融为冰岛增添了神奇的魅力

沙地吃人之谜

当你立于沙地之上时，你可曾想到脚下这片看似平淡无奇的沙地很可能暗藏杀机？在莱茵河上游一条马路边的一块空地就是这样，它会在瞬间吞噬生命，甚至重型卡车也会被瞬间吞没。这绝不是危言耸听，而是真实的事件。读过下面这则故事，你会知道世界之大无奇不有。

沙地能"吃人"，不仅"吃人"，它还能一口吞下 10 吨重的物体呢！对于这一奇异的自然现象，你不得不信，因为它确确实实地发生过。1959 年 5 月 17 日，在莱茵河上游的一条乡下路上，一辆载有 10 吨重货的重型卡车在急速行驶着。司机哈因利吉在这风和日丽的天气下行车，稍稍感到有几分困意。哈因利吉决定先休息一下再走。于是他把方向盘一转，车子开进马路边的一块空地上去。车子驶进去的刹那，发出了"喀喀"两声响，便不动了。哈因利吉感到特别奇怪，引擎并没有停止，车轮也还在旋转，车子在坚固的沙地上没有理由不动。于是，哈因利吉把油门踩到底，再按点火栓，车

世界上的神奇之地无所不在，沙地也会像沼泽一样将物体瞬间吞噬，成为一片"死亡之地"

子依旧"无动于衷"。再看外面，奇怪，车子已陷入地里了。他想打开门出来，但车门的下半部已经在地下动不了了。他几乎不能相信自己的眼睛，但是眼前发生的事实让他不得不信。此时哈因利吉灵机一动，把窗子打破，爬上卡车顶部，往下一看，车身的 2/3 已经陷入沙地里边，而且还在继续下沉，发出"咯吱、咯吱"犹如人在吃东西时发出的声音。沙地仿佛变成了一只凶猛的动物，将一辆载有 10 吨重货物的车恶狠狠地吞了进去。哈因利吉使出浑身解数跳下车。但刚一跳下去，两脚就陷入沙地之中不能自拔，犹如陷入泥淖一样。哈因利吉慌乱极了，他拼命挣扎，所幸拉住一块硬地的草丛，死死地抓住它才爬了上来。

哈因利吉侥幸得救了，但是回头一看，那辆 10 吨重的大卡车却被深深地埋进地下，完全不见了。这片神秘的沙地胃口竟然如此之大！它到底拥有什么秘密呢？到目前为止，有关专家还无法搞清楚原因何在。

滴水的房子之谜

《**西**游记》中的花果山水帘洞几乎无人不知，然而这样滴水的房子在现实世界中真的存在吗？答案是肯定的。更奇怪的是这滴水成帘的房子的顶棚却是干燥的。这一科学尚无法解释的奇异现象，带给人们的除了惊讶，更多的是麻烦和无奈。

神秘的滴水房屋

1873年2月初，在英国的兰开夏郡埃克斯顿，有一座房子发生了神奇的事情。房间里会不断地淌出水来，这给居住在这所房子里的居民带来了极大的麻烦，他们的衣服全部被浸透了，家具也都被损坏到无法修复的地步。最令人惊奇的是，房子的顶棚却是干的。

类似的离奇事情其他地方也发生过。在1955年9月的一个早晨，住在维尔蒙特的温造尔附近的沃特曼一家的家具上出现了水滴。有人立刻拭去这个海绵式的"露珠"，然而水滴很快又出现了。"露珠"时大时小，但很多。负责这个地区的工程师们按出售房子的条例，检查了所有的烟囱，但并没有发现什么异常情况——烟囱没有破裂，表面又绝对干燥，可为什么水还在不断地涌现呢？在一个大晴天，当一家之主沃特曼博士把一盘葡萄从一个房间端到另一个房间时，忽然发现盘子里竟装满了水。事情真是太神奇了！人们至今也无法弄清楚事情的真相。

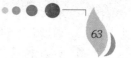

流不尽的"圣水"

在一个名为阿尔勒小镇的教堂里，有一口看上去很普通的石棺，然而它却有着令人惊奇之处。石棺能够源源不断地流出圣洁的清泉。泉水纯净甘甜，而且具有神奇的功效，为当地的百姓带来吉祥与幸福。"圣水"中究竟蕴藏着哪些奇异的元素呢？人们在不断地探寻……

世界上的事千奇百怪，有些现象连科学家也无法解释。在法国比利牛斯山区的代奇河畔，有一个名叫阿尔勒的小镇。

小镇的教堂里面摆放着一口石棺。这口石棺看上去很普通，却

有着 1 500 年的历史。石棺大约有 1.93 米长，是用白色的大理石精雕而成。据说，这口石棺是公元 4 世纪至公元 5 世纪时一个修道士的灵柩。

这倒也不稀奇，奇怪的是在这口石棺里长年都盛满清水，却没有一个人知道这水是从哪里来的。

美丽的传说

在阿尔勒镇的老人中流传着几种关于这口石棺里的"圣水"的传说。其中有一种是这样说的：

公元 760 年的一天，一个修道士从罗马带回来两个人，一个叫圣安东，另一个叫圣塞南。这两个人都是波斯

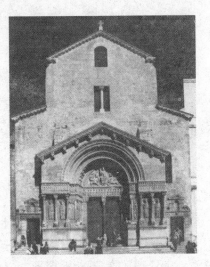

传说在 1858 年，一位名叫玛莉·伯纳·索毕拉斯的女孩在岩洞内玩耍，忽然，圣母玛利亚在她面前显圣，告诉她洞后有一眼清泉，指引她前往洗手洗脸，并且告诉她这泉水能治百病，说罢倏然不见

国的亲王。他们在那个修道士的引导下，成为基督教的忠实信徒。圣安东和圣塞南传道途经阿尔勒镇时，留下了一样圣物，没有人知道这个圣物到底是什么。不过，从那以后，这口石棺里面就开始源源不断流出"圣水"。这"圣水"为当地的老百姓带来了吉祥和幸福，圣安东和圣塞南也被老百姓们尊称为"圣人"。

为了纪念这两位"圣人"，阿尔勒镇上的人们每年 7 月 30 日都要在教堂里举行隆重的纪念仪式——在石棺前的铜管中取"圣水"。

每到这一天，教堂的修道士们便把石棺打开，向人们分发"圣水"。人们把"圣水"领回家以后，就小心翼翼地收藏起来，

阿尔勒镇的这口石棺是在一千多年前用白色大理石制成，长约 1.9 米

不到万不得已时不会拿出来使用。因为，这"圣水"有一种特别神奇的力量，可以医治好多种疾病。

"圣水"之谜

关于阿尔勒镇这口石棺中的"圣水"有着各种各样的传说，而且说法都不一样。不过，从这口石棺里流出来的"圣水"却是真实可见的。为什么阿尔勒镇教堂的这口石棺中会有源源不断的"圣水"流出呢？这神奇的"圣水"究竟是从哪里来的？这些疑问，深深地吸引了好奇的科学家们。

1961 年 7 月，两名来自格累诺布市的水利专家来到了阿尔勒镇，想解开这口石棺的"圣水"之谜。他们初步认为这是一种渗水或者凝聚现象，才使得石棺里面有了"圣水"。于是，在征得修道士们的同意以后，他们想办法把石棺垫高，使它和地面隔离开来，然后用一块特别大的塑料布把石棺严严实实地包裹起来，为的是不让外边的水汽渗到石棺里面去。为了得到最佳的实验效果，两名专家做完

据有关专家的考察，这口石棺总容量还不到 300 升，而每年从这口石棺中流淌出来的水却有 500 升～600 升，即使在旱灾之年，石棺仍能为当地居民提供澄清的圣水

了这些事情后，又决定日夜守在石棺跟前，不让任何人靠近它。

几天后，他们打开石棺一看，真是太神奇了——石棺里边的"圣水"居然一点儿也没有减少，还是那样源源不断地流着。

两名专家谁也说不清楚这到底是怎么回事儿！他们又对石棺里面的"圣水"进行了鉴定，结果发现石棺里面的"圣水"即使不流动，它的水质也是纯净的，就好像可以自动更换一样。

这个实验引起了许多科学家的兴趣，他们不远万里来到阿尔勒镇，可结果仍一无所获。最后，有一些相信"超自然能力"的专家作出了这样的解释：公元760年，圣安东和圣塞南拿着"圣物"来阿尔勒镇教堂之前，曾经把"圣物"放置在罗马的一个教堂里，而那个教堂的旁边一定有一口泉水井，泉水井里的泉水渗透到"圣物"上，这样就使得"圣物"有了自动出水的神奇功能。

当然，这些也只是猜测而已。要想最后解开阿尔勒镇教堂石棺的"圣水"之谜，还需要人们继续努力。

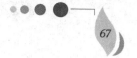

法兰西 "手印"

远古人类在祭祀中的仪式纷杂，但他们是否会把他们的某个手指切掉呢？这是研究法国西南部加加斯山洞壁画的专家提出的一个怪异的问题。这个山洞里的史前壁画与西班牙阿尔塔米拉及法国拉斯考等山洞壁画类似，同样让人捉摸不透。

"手掌山洞"

加加斯山洞位于欧洲比利牛斯山脉，素有"手掌山洞"之称。在加加斯山洞里面黑色洞壁上的壁画，虽历经了 35 000 年的岁月，却仍旧光彩夺目，不曾褪色。因此加加斯山洞也被人们称为"手掌山洞"。

加加斯洞穴手印之谜团

加加斯洞穴的手印，也许是现存最古老的洞穴艺术品，约形成于 35 000 年前的冰期后期，由今天欧洲人的直系祖先克罗马农人绘制而成。克罗马农人是旧石器时代某些穴居部族中的一支，但他们却不是最早在加加斯山洞壁上留下痕迹的生物。在他们之前，于洞内留下痕迹的是一度在西欧各地出没的巨熊。这些巨熊像今天的家猫在家具上磨砺利爪一样，也在洞壁的软石上磨，在石壁上留下了爪痕。在这些爪痕之间，还散布着一些凹入土中的连绵曲线，这些曲线可能是人类在模仿巨熊时留下的痕迹，其历史也许比手印还要久远一些。

　　加加斯洞壁上，总共有一百五十多个摹绘或手绘的印记，其中大部分是左手而不是右手的手印。手印本身以及黑色手印四周边框的颜色，大多是红赭色。但不论红色或黑色的手印，用手电筒或灯光照射时，都散发着神奇的光泽，这是因为岩画表面覆盖着一层薄而透明的石灰石。由于加加斯山洞里面极为潮湿，这种沉淀物仍在不断沉积。有些掌印呈黑色，印在红色框里，另一些则是红色。大多数掌印有两只或多只手指缺了节，这是为什么呢？

神奇的法兰西"手印"

手印的制作

　　与此一致，澳大利亚土著居民和非洲的某些部落在山洞中也遗留下了一些手印，这些手印很可能是原始民族文身习俗的外延行为。手掌涂上红赭石颜料，再压在洞壁光滑的石块上，便会留下掌印。

位于法国比利牛斯山脉的"手掌山洞"

至于所产生的摹绘效果，则可能是手掌压上石壁时，将液体或粉状颜料吹喷到手上造成的。加加斯洞穴的手印以左手为多，颜色很可能是从右手所持的管子喷洒出去的。

几种推测

　　洞穴壁画中的手印通常至少有两根手指的前两节不知去向。有时四根手指均如此，有时除食指外均如此，有时只有食指及中指如此，有时则只有中指与

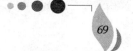

无名指如此，然而拇指永无残缺现象。

　　经过仔细研究，人们发现这些手指极可能是被强行切去的，并非只是跷了起来。有人说，由于克罗马农人生活于冰期的后期，也许他们由于冻疮而失去了手指。可是，有些人类学家则认为，他们切去一节或两节手指可能是一种宗教祭祀行为，但是这种断指行为有什么用意，至今尚无人知晓。如今的非洲卡拉哈里沙漠地区一个游牧民族和北美洲的印第安人，也有类似的断指习俗，以断指来作为祈祷新生婴儿好运的祭礼或祈求猎神赐福。

圣潭的秘密

在 帕尔斯奇湖东南部有一处深潭，它深不见底，人们称它为"不沉湖"或"上帝的圣潭"。这些年，在圣潭中发生了许多奇怪的事，也因此引来了许多游人和专家。但经过研究，专家们仍没有解开圣潭不沉之谜，人们的探索仍在继续着。

名称的由来

在 19 世纪，有一家姓鲍伊的印第安人迁来此处定居，他们住在深潭的附近。一天，他们的木筏遇到了飓风。当木筏被吹到深潭时已经被肢解得支离破碎了。鲍伊一家 7 口人，有 5 人掉进了深潭。掉下水的人惊恐万状，拼命高呼救命。但是，木筏上的人不论怎么拼命都无法靠近他们。筏上的人眼睁睁地看着水中挣扎的人失声痛哭，水里的人也露出绝望的眼神……

就在这时，奇迹出现了：那些在水中挣扎得精疲力竭的人们，在绝望之际发现自己并没有下沉，他们觉得像被什么东西托住似的。最终，他们得救了。

后来，有一个叫蒙罗西哥的法国人来到此地，不小心也掉进了

深潭，他和前面的人一样也侥幸逃脱了厄运。事后他对人们说："就像是上帝的手把我托了起来，使我不能下沉。"从此，人们就称这个深潭为"上帝的圣潭"。

找不到深潭不沉的答案

"上帝的圣潭"的故事很快就传遍了世界，吸引了不少的旅游者前来观赏。1974 年，到火炬岛考察的伊尔福德一行人也慕名来到此地。经过水质分析后，他们发现"圣潭"的水与周围的水并没什么不同。因此，许多专家都猜测"圣潭"的水下或许有特殊物质。当有物体落入水中时，这种特殊物质就释放出某种能量，增大水的比重，使物体能够浮在水面上。

但是，这一说法很快又被另外的专家否定了。因为他们经试验发现，当人落水时，圣潭中的水与圣潭平静时的水的成分并没有什么不同，也就是说，前后水样成分完全相同。更让人称奇的是，不仅人无法沉入水底，就是钢铁也不会沉下去。1979 年，美国科罗拉多州物理学会的几位专家，协同圣弗朗西斯科海军基地和加拿大航海科学院，对"上帝的圣潭"进行了第一次测试。遗憾的是，他们也没有新的发现。但是他们第二次测试时发现，"圣潭"不仅排斥人类，甚至排斥任何物体。仪器不能沉入水中，潜水员也无法潜入水中，一名军官把戒指扔在水中，戒指也漂浮在水面上。

由于它的神秘，不少人曾提议将帕尔斯奇湖辟为旅游地区，以吸引更多的游客前来猎奇。

亚平宁水晶石笋

在意大利的安科纳弗拉沙西峡谷有着许多远近闻名的自然景观。湍急的森蒂诺河蜿蜒曲折；峡谷两侧的石壁陡峭险峻，石壁上洞穴密布；八角形教堂和献给圣母玛丽亚的小教堂天下闻名。而其中最著名的当数水晶石笋景观。

洞穴探险

1971 年，一批探险家在意大利安科纳弗拉沙西峡谷一带发现了一处巨大的地下洞穴，这条巨大的洞穴长达 13 千米以上，这个惊奇的发现令世人感到震惊。

探险家们手持手电筒，沿曲折的地下长廊摸索。他们涉水走过一个个深及膝盖的清水池和泥浆潭，只见石笋林立，像一根根华丽的水晶柱。再往前行，只见又湿又冷的洞穴网错综复杂，恍如大理石的巨型石柱使人眼花缭乱，又好像冰雪覆盖的精美石帘让人感到惊讶不已。经过百万年侵蚀形成的奇景，像一幅油画一样展现在众人的面前。

弗拉沙西峡谷

石笋和石钟乳一样，每百年才长高一厘米，在地上长成一个尖锥体，很像竹笋，故名石笋

弗拉沙西峡谷两边峭壁陡立，蜿蜒近 3.2 千米，由湍急的森蒂诺河冲刷而成。森蒂诺河是伊西诺河的支流，伊西诺河发源自亚平宁山脉，东北流入亚得里亚海。

石笋的色泽有青灰、豆青、淡紫等，还有长短、宽窄之分

弗拉沙西峡谷两旁的山岭是典型的岩溶地带，又称"喀斯特"地貌。"岩溶"是地质学名词，意指可溶岩石，如石灰岩等，受酸性雨水侵蚀，形成了特殊的地貌。洞穴、落水洞、伏流、地下河等，都是喀斯特地貌的特征。

 ## 洞穴景致

弗拉沙西峡谷两边的绝壁都是石灰岩，其中满布洞穴。"教堂穴"中，建有奉献给圣母玛利亚的 11 世纪小教堂，以及教皇利奥十二世于 1828 年下令建造的八角形教堂。弗拉沙西洞穴的地下奇景被发现后，默默无闻的安科纳得以闻名天下。

弗拉沙西洞穴包括几组洞穴，最大的首推"大风洞"。沿平坦的小路约走 1.5 千米便来到了石灰岩山下，到达了这个奇妙的世界。

岩石洞凿通了一条短隧道，通往一个大如主教堂的洞穴。中央漆黑一片，为深不见底的"安科纳深渊"。弗拉沙西洞穴蕴藏着无穷的魅力。

深渊旁屹立着一根巨人柱，那是一根巨大的石灰岩柱，表面凹凸不平，蚀刻很深。"巨人柱"对面

石笋是钟乳石的一种，在大自然中，
许多石灰岩地带，都会形成奇峰异洞，
生长钟乳石、石笋等。

钟乳石又称石钟乳，是指碳酸
盐岩地区洞穴内在漫长的地质历
史中和特定的地质条件下形成的
石钟乳、石笋、石柱等不同形态
碳酸钙沉淀物的总称

雄伟壮观的尼亚加拉大瀑布

是"尼亚加拉瀑布"，钟乳石重重垂挂，果真能叫人联想到飞珠溅
玉、水声如雷的尼亚加拉瀑布。更深处的"蜡烛穴"内，石笋从浅
水池面冒出，闪闪发亮，如同点着的蜡烛；加上底部的白"烛台"
和引人入胜的灯光，洞穴立刻"锦上添花"了。

　　弗拉西沙洞穴内部的环境特殊，温度稳定，湿度高，虽然缺乏
阳光，食物稀少，但是扁虫、千足虫、地穴蟏蛸和螯虾等大量繁衍。
数量众多的蝙蝠栖息在洞穴中，到了晚上它们便会成群结队地在地
洞中飞来飞去。

非　洲

FEIZHOU

东非的"磬吉"之谜

位于马达加斯加北部的安卡拉那高原上，有着东非著名的"磬吉"。锋利而密集的石柱、声如破钟的岩石、无法穿越的尖石阵、奇特而稀有的动物，这一切构成了一个奇妙的世界。在吸引了无数游人到此观光的同时，也留下了许多未解之谜。

恐怖之地

在东非地区那180米高的石灰崖顶上有个与世隔绝的世界，这里遍布着剃刀般锋利的尖峰，有些高达30米，即使是最坚韧的皮靴几分钟内也会被削成碎片，人一旦失足便会头破血流甚至粉身碎骨。在这里，大眼睛的狐猴像可怕的鬼魅般藏身树上；凶猛的鳄鱼深居于地下的洞穴里；如果捏死一只野蜂，树上的蜂群就会一起出动用刺猛螫。

安卡拉那地区地形包括岩洞、地下河流，以及干燥葱郁的森林峡谷。这里就像自然艺术长廊一样，有着钟乳石、石笋等其他悬挂着的石灰岩体

可以说，马达加斯加北端的安卡拉那高原是这个岛上最不可思议的地方。马达加斯加南北长1 600千米，距东非洲海岸600千米，是世界上的第四大岛，面积60万平方千米。马达加斯加因为岛上泥土的颜色是红色，故而又名"大红岛"，由于人为的破坏，现在岛上的泥土大量地被冲蚀到海里。岛上还有一些在其他地方见不到的生物。

最初，马达加斯加岛完全被夹在印度南端、非洲东岸和南极洲北岸之间。在恐龙时代，非洲与马达加斯加岛是一块并未分割的土地，恐龙可以从非洲缓步到达马达加斯加。马达加斯加与非洲分裂后的数百万年间，动物依靠漂浮的植物通过海峡来到了岛上。4 000 万年前，海峡明显变宽，生物的迁徙不得不终止。而在公元 500 年从印尼乘船而来的宾客成了岛上的第一批居民，在这时邻近的东非还未有人来到马达加斯加岛。

安卡拉那高原是典型的喀斯特石灰岩地貌。每年近 1 100 厘米的降雨量，再加上千万年的冲刷使尖硬的岩石被雨水溶掉，溶掉后又形成了锋利的尖柱、尘锥以及峰脊。在石灰岩中有遍布林木的峡谷，在谷里有着茂盛的棕榈树，猴面包树、无花果树等大约在 25 米处构成了一大片醒目的树冠。在其南面 720 千米处的贝马拉哈国家保护区，也有相同的地貌存在。

当地人称高原中部那些令人生畏的岩石为"磬吉"，因为敲击时会发出破钟似的低沉声。但这种岩石为何会发出这种声音，却无人能够解开。马达加斯加人说"磬吉"没有一处能容得下一只脚的平地。一些学者和专家曾试图努力穿过曲折的尖石阵外围，最后也都无功而返。少数尝试穿越"磬吉"的人认为乘飞机从上空一个安

喀斯特地貌又称岩溶地貌，是在溶蚀、流水的冲蚀、潜蚀，以及坍陷等机械侵蚀过程形成的地表和地下形态的总称

全的距离俯瞰"磬吉"是一种最好的
选择。

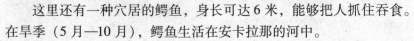

野生动物多种多样

随着马达加斯加的土地大量地被
开垦，导致野生动物的生存环境受到
破坏。不过贝马拉哈保护区和安卡拉
那高原仍能为稀有动物提供保护。在
马达加斯加的狐猴就有几种生活在石
灰岩中的树上和尖峰的隙缝中。

狐猴属低等的灵长类动物，与猿、
猴和人类有远亲关系。狐猴中较大的
原狐猴喜欢在白天的时候集体觅食，
而稀有的侏儒狐猴却喜欢在夜间单独寻找食物。

这里还有一种穴居的鳄鱼，身长可达 6 米，能够把人抓住吞食。
在旱季（5 月—10 月），鳄鱼生活在安卡拉那的河中。

在地下河里的鳗鱼皮质坚韧，虽比鳄鱼小却也同样危险。最短
的鳗鱼也有 1.2 米长，它们生性凶猛，嘴里满是锋利的牙齿。即使
没有受到刺激，它们也会突然攻击游
泳的人，甚至破坏充气的小艇。

生活在安卡拉那和贝马拉哈保护
区的野生动物因那里偏僻荒凉的环境
而受益。而岛上的其他地区就不是这
样了。岛上的珍稀动物面临着巨大的
威胁。狐猴是此地仅有的哺乳动物。
昆虫大概有二百三十多种。

马达加斯加还有二百五十余种鸟
类，可谓种类繁多，其中这里独有的
鸟类就有一百余种。而砍伐雨林和异
地游客不负责地猎杀是造成鸟类数目
锐减的主要原因。

隆鸟的灭绝让我们更深刻地认识

马达加斯加的穴居鳄鱼主要生活于地下水温 26℃ 以下的环境中，因而它们处于近乎休眠状态

到人类造成的破坏。最后见到隆鸟的记录是 1666 年，隆鸟曾是世上最大的鸟，它不会飞，身体比鸵鸟要大，体重可达 450 千克，它的卵比鸵鸟卵大 5 倍。

变色龙也同样受到了人类的威胁，世界上有一半种类的变色龙产于马达加斯加岛。它们从不伤人，马尔加西人却很怕变色龙，在他们看来人死了未能安息的灵魂就附在变色龙的身上，他们还相信变色龙那两只能各自转动的眼睛一只可以回顾过去，另一只则可展望未来。

让人高兴的是，拯救濒临绝种动物的计划已经落实到了行动上。

此外，绿色旅游的实施，可确保安卡拉那的稀有动植物不再受破坏而繁衍下去。专家学者对这一地区的研究和探索仍在继续，并试图解开人们心中的疑惑。

乞力马扎罗山之谜

雄伟的乞力马扎罗山屹立于广阔的非洲大陆上，以其独特的景观闻名于世。远远望去，乞力马扎罗山拔地而起，高耸入云、气势磅礴。神奇的是，这座位于赤道附近的山峰却终年积雪，在缥缈的云雾之中，若隐若现，茫茫的白雪更使其显得神秘而圣洁。

天然雪峰

乞力马扎罗山地处东非的坦桑尼亚境内，与肯尼亚接壤，山长 100 千米、宽 75 千米，然而附近却没有其他任何一座山脉形成于 200 万年前。当时此地的火山活动频繁，熔岩不时从地球内部涌出，但很快又被随后喷发的熔岩掩盖。现在我们所能看到的山峰，

是三次地壳激烈活动时期形成的。居中的最高峰叫基博山，两边分别是马文济山和希拉山。然而，乞力马扎罗的造山运动并未就此终结。在火山活动偃旗息鼓后，各种侵蚀力量仍对山峰进行着雕琢。

希拉山是海拔最低的山峰，是最初熔岩喷发形成的，受到侵蚀作用后，形成了海拔 3 778 米的高原地形，而马文济山俨然就是基博山附近的一块疙瘩。

神奇的自然景致

乞力马扎罗山的山麓地带已经开辟为肥沃的农田，繁茂的热带

雨林始于大约海拔 2 000 米处，在那里有着丰富的生物种类，森林里的各种鸟雀栖息在枝叶密度很大的森林中，植物下面又隐藏着小动物，像石南和苔藓这些典型的高地植物大概生长在海拔 3 500 米处，接近雪线的几乎都是高山植物。野猪和捕杀它们的豹子也可能在雪线附近出现，但无法长久生活在雪线附近。马文济山与基博山之间形成了一个 11 千米长的鞍形地带，基博山的圆顶是个火山口，现在还有硫碘气逸出。基博山是这些山峰中仅有的一座位于雪线以上的山峰，且覆盖了它北缘的冰川伸到火山口。

乞力马扎罗山突兀地耸立在它周围的平原之上，因此乞力马扎罗山本身的气候会受到较大影响。从印度洋吹来的东风到达乞力马扎罗山后，遇到陡立的山壁的阻挡向山上攀去，气流里的水分在不同的高度会转化为雨水或霜雪，铺满山峰的冰雪很少是源自山顶的云，而是来自山下上升形成的云。所以山上的几个植被带与周围平原的热带稀树草原虽处在相同纬度却类型迥异。

乞力马扎罗山一年中来访的游客达上万人，人们被这座处于赤道附近却终年积雪的山峰所吸引，而这其中的原因只有科学家们才能解释清楚。

乞力马扎罗山高 5 963 米，素有"非洲屋脊"之称，由于它地处赤道附近，顶部终年积雪，因此以"赤道雪峰"而闻名世界

东非大裂谷成因之谜

东非大裂谷是世界大陆上最大的断裂带，它如一条鲜明的伤疤刻在地球的表面。然而这道神奇的裂痕的形成原因却令人猜测不已，至今众说纷纭。

当人们乘飞机飞越浩瀚的印度洋，在途经东非大陆的赤道上空时从机窗向下俯视，便会见到地面上有一条醒目的巨大的裂缝，它就像一条狭长而又阴森的断涧，将非洲大陆割裂开来。人们把这道大裂缝形象地称为地球身上最大的"伤疤"，这便是著名的东非大裂谷。

 ## 地壳断裂

东非大裂谷全长六千多千米，它位于非洲东部，南起赞比西河口一带，向北经希雷河谷至马拉维湖。地质学家们经过考察研究认为，东非大裂谷大约于 3 000 万年以前形成，那个时候地幔上层的热

对流运动引起了地壳断裂，而强烈的地壳断裂运动造就了东非大裂谷。同时东非的地理位置也为大裂谷的出现创造了极佳的条件。东非处在地幔热对流上升流的强烈活动地带。在上升流的作用下，东非地壳抬升形成了高原，上升流向两侧相反方向的分散作用使地壳的脆弱部分张裂、断陷而成为裂谷带。

 ## 裂谷将来

东非大裂谷如果是由地壳运动引起的，还会不会随着持续不断的地壳运动而继续扩大呢？相关资料显示，近 200 万年来，东非大裂谷张裂的平均速度为每年 2 厘米~4 厘米，这一作用在近 200 万年来一直在持续不断地进行着，裂谷带一直在不断地向两侧扩展。科学家依据地幔热对流理论断言：如果照此发展下去，终会有一天，东非大裂谷会将它东面的陆地从非洲大陆分离出去，从而产生一片新的海洋以及众多的岛屿。

尼奥斯湖杀人之谜

1986年8月21日喀麦隆发生了一桩震惊世界的惨案，尼奥斯湖附近的居民在睡梦中莫名地死去，大批牲畜也窒息而亡。究竟是什么原因导致了命案的发生？人们迷惑不解。

尼奥斯湖位于喀麦隆帕美塔高原的山坡上。那里湖水清澈，草木茂盛，是旅游的好去处。住在湖区山谷里的人们生活得一直非常平静，周围的一切都是那么安静祥和。1986年8月21日晚，一阵闷雷般的轰响打破了黑夜的宁静，尼奥斯湖面中央突然掀起了八十多米高的水浪，澄澈的湖水顿时变得一片浑浊。大约半小时后，尼奥斯湖区山谷下的一千七百多名居民和不计其数的牲畜都离奇地死去……

 ## 隐形杀手

惨案发生后，多国科学家组成的调查小组立即对尼奥斯湖地区进行了实地考察。他们对湖水进行了取样分析，并详细听取了幸存者的陈述，后来发现原来凶手是尼奥斯湖所喷发的毒气。在21日夜里，尼奥斯湖突然喷发出的水浪中含有大量的二氧化碳、硫化氢等有毒气

体，这股强大的气体比空气重，这些气体就像暴发的山洪一样沿着山坡倾泻而下，涌入了居民区，滚滚涌来的毒气导致低洼地带的大量人畜瞬间丧命。可是，尼奥斯湖为什么会喷发毒气呢？

湖底的杀机

原来，尼奥斯湖是一个火山口湖，湖底的火山口一直在不断地涌出二氧化碳、硫化氢等气体。但在湖水巨大的压力下，大量的火山气体被迫积聚在湖底。而越聚越多二氧化碳一旦找到出口，就会冲出湖面，其他火山气体也会随之喷涌而出。一些专家认为，湖底的水接触到火山口下炽热的岩石后，形成了一股强大的蒸汽，这股汽将湖底含有大量二氧化碳的水冲上了天。还有的专家认为，湖面的水流由于季节转换而变凉，这同下面较暖的水形成了对流，从而"引爆"了湖底的二氧化碳。但众多专家始终未能就尼奥斯湖喷发毒气的原因达成共识。

为尼奥斯湖排毒

从 1986 年喷发毒气后，尼奥斯湖再度陷入了沉寂。但是，沉寂是否是在酝酿下一次的喷发呢？为此，科学家们从 2001 年起开始尝试为尼奥斯湖排掉湖底的毒气，具体做法是将排气管插入湖底，将湖底的二氧化碳等有害气体导出湖面并有序释放，以避免毒气在湖底聚积而再度喷发。但由于资金等客观条件的限制，目前所安装的排气管还远远达不到彻底排毒要求，加之尼奥斯湖每天仍在积聚毒气，目前湖水中有害气体的含量甚至比 1986 年灾难发生时的含量还要多。

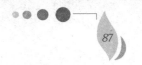

大津巴布韦之谜

"**大**津巴布韦"是非洲大陆上的一大文明奇观。来到这里参观的人都为它精巧、宏大的规模而感叹。从其建筑工艺的角度看,该城完全可以与那些一千多年前修筑的欧洲古堡相媲美。作为古代非洲文明的见证,这里有着许多谜团等待着后人去破解。

神秘的废墟

位于非洲大陆南端的津巴布韦共和国以盛产祖母绿而闻名,然而最使津巴布韦人民骄傲的不是其富饶的物产,而是他们国名的由来——大津巴布韦遗址。

在这个国家里布满了许多石屋废墟。1871 年德国地质学家莫赫首先发现了这些石屋废墟。经过后来的考证,科学家们确信,这座由坚硬的花岗岩石块砌造而成的石城,是由非洲黑人建造的,这些遗迹被称为津巴布韦(津巴布韦在当地班图语中是"石头房子"之意),这便是津巴布韦国名的由来。

石城位于津巴布韦的东南方,这些顶部已经倒塌的石块建筑,占地面积约为 0.24 平方千米,其中有一座位于山顶的石砌围城可以俯瞰全城,有人称之为"卫城"。不过这样的称呼并不确切,因为后来

遗址位于哈拉雷以南约三百千米处,共由九十多万块花岗石砌造而成。石块之间未用任何黏合物,至今仍坚固挺拔、宏伟壮观

有人考证认为，"卫城"并不是用于防卫的，而是一组贵族所居的宫室，也有人认为是用来观赏风景的。山下的河谷里有一道围墙，围墙围绕着一块92米长、64米宽的地方，在围墙与"卫城"之间则是一片神庙的废墟。

历史悠久

对于石城的历史，莫赫试图从基督教《圣经》中找到答案。其中有一段关于示巴女王的记载，3 000年前的非洲有一个黄金贸易非常发达的地方，那里积聚了大量的财富。将这些描述综合起来看，津巴布韦的这座石城很可能是那时候黄金贸易的副产物。也有人说，津巴布韦可能是所罗门王所设立的珍宝藏匿之处，这笔宝藏可能为当时的朝廷提供了大量的财富。

这座非洲石城是什么时间建立的呢？如果按照《圣经》中所说，石城就应该是在基督诞生前1 000年建造的。但许多考古学家都对此持怀疑态度，比较有影响的是苏格兰专家兰德尔·麦基弗的质疑。在对废城的仔细研究后，他断定这些石块的历史只有几百年，而不是几千年，正如上文所提到的那样，这座石城是由当地的非洲黑人

所建造。英国的考古学家卡顿·汤普森也确认了这一研究成果。后来其他考古学家们也纷纷对这一观点表示赞同，而且，这个观点也与班图语系各民族的历史传说相吻合。在传说中，这些民族从现在的非洲奈及利亚地区逐渐向东南迁徙，到基督纪元的某个时期，占据了非洲东部和南部。

 ## 石城的秘密

通过对发现的一些文物的鉴定，证明卫城上最早的人类迹象始于公元2世纪或者3世纪。到了1200年前后，今天绍纳人的祖先姆比雷人控制了这片区域。姆比雷人在采矿、手工艺和经商等方面都曾有着出色的表现，他们曾经建立了一个十分完善的政治体系。那些花岗岩的高墙大概就是在他们文化全盛时期建造的。而神殿和围墙则是相对来说较晚的建筑物，其他的那些房舍，据鉴定，大约是公元前1 200年之后的两三个世纪才建造起来的。

历史学家通过对该地的古今地理特征的研究发现，当地居民大约在16世纪初将此地的资源消耗殆尽，于是发生了大规模的迁移。这也许是为什么卫城如今是废城的原因。但无论如何，当年巧夺天工的技术还是令我们赞叹不已。

博苏姆推湖成因之谜

博苏姆推湖有着奇特的外形，它看上去像是人为精心打磨而成，湖边没有任何凸出和凹陷之处，圆滑无比。然而这个内陆湖泊的形成原因，后人却不得而知。

博苏姆推湖拉于非洲加纳的阿散蒂地区，是加纳唯一的内陆湖。它的湖面直径有 700 米，湖的中心有七十多米深，整个湖呈圆锥形，四壁向中心陡下，好像用圆锥打出来的一样。

对于这个世界罕见的圆锥形湖泊的成因，一直是众说纷纭，莫衷一是。地质学家通过对阿散蒂地区的调查，并没有发现这一地区有陨石坠地爆炸的任何迹象，也没有发现这一地区在地质史上有过火山活动的记录。

另有一种推测认为，博苏姆推湖是人工开挖的。可是，在直径达 700 米的大圆上挖掘而看不出凸边或凹边，这是人力所办不到的。于是，人们又借助想象：是不是外星人为降落到地球上来的飞船，而精心地构筑了这个类似信号塔的识别标志？一直到现在，博苏姆推湖的成因依旧是一个未解之谜。

大洋洲

DAYANGZHOU

乌卢鲁之谜

号称"世界七大奇景"之一的乌卢鲁巨岩,以其雄峻的气势,巍然耸立于茫茫荒原之上。由于它久经风雨,所以岩石表面特别光滑。它又被称为"艾尔斯岩""人类地球上的肚脐"。乌卢鲁巨岩神秘而奇妙的色彩变幻吸引了无数游人,但至今仍无人知晓其变幻的原因。

富有"生命力"的巨石

在澳大利亚荒原中部有一块巨大的红色砂岩毫无征兆地拔地而起,就是这么一块石头,让许多人千里迢迢、不辞辛苦地来到澳洲荒漠。因为它是一块有"生命"的石头。

这块巨石生成于 5 亿年前,东高宽而西低狭,是世界最大的单一岩石,而且充满了神秘的气息。澳大利亚土著人认为这块巨岩是他们的所属物,是他们祖先从神灵那里得到的赐予,具有重要的宗教意义,巨岩上每一道风化的疤痕和纹路不仅对他们具有特别意义,也让每年到此的数以万计的来自世界各地的游客充满遐想。这块巨岩就是"乌卢鲁",也被称为"艾尔斯岩"。

艾尔斯巨石是由风沙雕琢而成，呈椭圆形。巨石整体呈红色，突兀在广袤的沙漠上，硕大无比，雄伟壮观，如巨兽卧地，格外醒目

乌卢鲁常被称为世界上最大的岩石，但其实它并不是岩石，而是一座地下"山峰"的峰顶。这座大山被埋在地下大约 6 千米的深处。在约 5.5 亿年以前，澳大利亚中部还是一个巨大的海床，而这块岩石就是海床的一部分。后来海洋逐渐退却，地壳慢慢移动并隆起，高大的山峰就被土地所覆盖，只露出来一个山顶，它就是乌卢鲁。乌卢鲁高 348 米、长 3 千米、宽 2.5 千米，基围周长约 8.5 千米，实在是宏伟壮观。它气势雄峻，犹如一座超越时空的自然纪念碑矗立于茫茫荒原之上，孤独中带着君临天下的霸气。

 ## 会变色的石头

巨石最神奇之处是会变色，这也是澳洲十大奇景之一。有去看过乌卢鲁的人形容说："它有自己的心情。清晨，当第一道曙光洒在它酣然沉睡的身躯上，生命被悄悄投注，它欣然焕发出金黄的光芒；太阳渐渐爬高，仿佛有生命活泼地在它体内成长，它也随之换上新颜，

主要由艾尔斯巨石和卡塔曲塔岩山构成的乌卢鲁国家公园位于澳大利亚北部地区，以其壮观的地质学构造而闻名于世

从粉红逐渐到深红。浴日巨石体态虽然庞大，但此时却隐然带了一丝娇羞之气；傍晚，夕阳西下，生命之火逐渐暗淡，它由红转紫，最后黯然没入黑暗之中。生死轮回，对人是一辈子的事，而对它却是每天的平常经历。于是，它那并不嶙峋的棱角里，就透出了一种神秘、一种灵气、一种不属于这个世界的"超然怪异"。它不高，却极陡，这也是一种态度，"自立于天地之间，何劳旁人亲近"。

乌卢鲁是最早发现这片大陆的土著人起的名字，意思是"大地之母"。

1873年欧洲人戈斯发现了这块岩石，并以当时南澳洲总督艾尔斯爵士的名字为它命名。但事实上戈斯并不是第一个发现这块巨岩的欧洲人，在此一年前，英国探险家吉尔斯曾多次深入澳大利亚内陆，他曾经发现了这块巨岩，并作了记录。而吉尔斯次年重返旧地时，戈斯已登临过乌卢鲁的岩顶了。到过乌卢鲁的澳大利亚冒险家兼作家大卫·琳达最早用文学的笔法描述了乌卢鲁，她在《踪迹》一书中说："这块巨岩有一股笔墨难以形容的力量，使我的心跳骤然急促起来，我从没见过如此奇异，但又极尽原始之美的东西。"

乌卢鲁跟悉尼歌剧院一样，是澳大利亚的象征。但乌卢鲁不同于那座人造的现代建筑之处是，它所代表的是这个国家远古的历史，它是澳大利亚这块古老大陆上的唯一原住民族——澳大利亚土著民族的图腾。

在当地的传说中，乌卢鲁是世界的中心，是当地土著人两次埋葬亲人的地方，第一次埋葬肉体，第二次埋葬骨骸，他们的灵魂会进入地底的神泉，像精灵一样快乐地生活。这里是澳洲土著人的圣地之一。他们始终相信，祖先的神灵仍然居住在红石山的某些洞窟之中，部落秘密在土著老人中世代相传。外来游客可以上山游玩，却不可随便进入那些被视为神圣之地的洞窟，那是些超然的地点。

岩石的"诅咒"

红色的巨大岩石静静地屹立在那里，有一种庄严的美，像守护神一样保护着这片土地和它的子民。土著人认为攀爬巨石是对他们文化的亵渎，也是对他们神的不敬。土著人的法律写着："如果您在意土著人的法律，您就不要攀爬它。如果您想攀爬，链子还在那里，也请您不要攀爬。听着，如果您因此受伤或者死亡，您的妈妈、爸爸、家庭会为您哭泣，我们也会很伤心。想一想吧，请不要攀爬。"

事实上，尽管这座红岩山上立着"禁止采石"的标志，然而许多游客仍会趁管理人员不注意，偷偷砸下一块红石藏进包内。公园管理人员也对此毫无办法。不过有趣的是，这些被窃走的石头最后又陆陆续续地从世界各地被寄了回来，昂贵的国际邮费也无法阻挡这样的返还行为。许多寄件人在附言中称，这种红色的岩石给他们带来了坏运气，因此他们决定将它物归原主。一些石头寄回乌卢鲁公园后，事实上已经成了碎片。然而不管怎样，乌卢鲁公园的管理人员仍将这些石头碎片重新放回到红岩山上。目前仍然没有足够的证据证明这些石头会给人带来霉运，除非那些拿走石头，最后又将它

们寄回来的人开口说出事实。

神圣的乌卢鲁

最早的澳大利亚土著民族是5万年前从东南亚一带的岛屿迁至澳大利亚北部的。他们有着黝黑或者深褐色的皮肤，这些土著民族以捕食动物为生，使用一种投矛器和特制的狩猎武器飞镖，此外还采摘水果和植物根茎作为食物，是典型的游牧民族。与混乱的语言不同的是，这些散居在各地的澳大利亚土著民族，都相信在澳大利亚北部的沙漠中藏有错综复杂的路径，是"梦幻时代"的产物（"梦幻时代"是指天地形成时期），也是祖先留给他们的礼物，这对土著人的生活、狩猎非常重要。而这些路径的位置和秘密都藏在乌卢鲁不断出现的纹路里，这些纹路被各部族的巫师破译后，凭借歌谣、绘画和各种各样的舞蹈，一代代地在土著各部族中流传下去。因此，对他们来说，乌卢鲁的每一道裂痕都具有极为重要的意义。

在乌卢鲁周围，有许多洞穴。洞穴中有大量具有丰富的象征意义的原始壁画，许多壁画的历史已经有7 000年—8 000年之久，还有相当一部分原始壁画未能被破解，人们对乌卢鲁与原始民族和原始宗教的联系其实远没有达到了解的程度。

乌卢鲁对于澳大利亚的土著人来说，不仅仅是地貌景观，更包含了丰富多彩的文化与神圣庄严的先祖的双重意义。

当亲身接近乌卢鲁这块神秘又奇妙的巨岩时，壮观雄伟的气势令人震撼，无论清晨还是黄昏，乌卢鲁似乎随时都在散发不可思议的能量。不论你以何种心情来到这里，都请不要忘记这里原住民的习俗，必须虔诚、守礼，更要诚心诚意。

彭格彭格山之谜

澳洲大陆上有着无数的神秘，美丽的大堡礁、雄伟的艾尔斯岩……此外，还有世界上最脆弱的山脉之一的彭格彭格山。在人迹罕至的金伯利，这些具有条纹的圆顶山丘组成了一个梦幻般的世界。是什么原因造就了如此奇特的地理结构呢，谜底有待人们揭晓。

梦幻般的彭格彭格山

澳洲西部有许多蜂窝形的圆丘山，形成巨大的迷宫，而彭格彭格山是世界上最脆弱的山脉之一。这些具有虎皮条纹的圆顶山丘位于澳洲西部的奥德河平原上，宛如梦幻世界。澳洲土著称它为波奴鲁鲁，意为砂岩。这些土著在金伯利地区已经生活了二千四百多年，彭格彭格山是他们的神山。

由于地处遥远崎岖的地区，所以这些条纹岩壁和奇异山峰减少了许多被参观的机会。直到今天，大多数人也只是选择从空中俯瞰观赏而已。

彭格彭格山位于渺无人烟的金伯利地区，占地大约 450 平方千米。在 11 月到次年 3 月的雨季，翠绿装点了整座山脉。印度洋的旋风带来倾盆大雨，岩阶上的池水溢出形成瀑布，这一带河水泛滥，切

断了通往彭格彭格山的小路。但这里炎热的气候在一年中占据主导地位，即使在遮阴处的气温也高达 40℃。冬旱季节根本无雨，致使河流干涸，只剩下一些小水洼。由于有悬崖遮阴，少数池塘常年不枯竭，成为袋鼠和澳洲野猫等动物的饮水之处。有些白蚁在圆顶山丘侧面筑蚁巢，高 5.5 米，与圆顶山丘一样堪称奇观。

 ## 彭格彭格的形成

4 亿年前北边的山脉（现已消失）被流水严重冲蚀，在这一带形成大片的沉积层，较软的沉积岩被水流冲刷出许多沟槽、溪谷。这些沟槽、溪谷长期受风雨侵蚀而逐渐变深，最终形成今天一座座分开的山丘。

大部分圆顶山丘都分布在地块的东南方。250 米高的峭壁和冲蚀而成的深谷则位于其西北方。顽强的植物如针茅、金合欢等在谷中恣意生长，扎根在峭壁岩缝中，形成风格奇异的空中花园。

风塑造了岩石上鲜明的条纹。新露出的砂岩呈白色，沿沉积层缝隙里流出来的水把一层石英和黏土涂在其上。这层石英和黏土不断形成和裂开，其中的铁质就留下了一条条赤黄色的痕迹。而灰色和棕色则是地衣和藻类被太阳晒干后呈现的颜色。

1879 年，第一支欧洲勘测队在珀斯测量师福雷斯特带领下来到这里。1987 年，这里辟为国家公园，当地的土著人参与管理，以免游客破坏这里脆弱的砂岩。

神秘的艾尔湖

1832 年，一支勘探队来到了澳大利亚中部，发现这里是一片覆盖了厚厚盐层的盆地。1860 年，另一支勘探队来到了这里。此时，这里已经成为一个碧波荡漾的湖泊，大批鸟类聚集在湖畔，植被茂密异常。这就是艾尔湖，一个神秘而又美丽的地方。

澳大利亚的天然奇湖

艾尔湖位于南澳大利亚州中部偏东北，皮里港以北 400 千米处。有南北两湖，总面积超过 1 万平方千米，在海平面下 12 米，因探险

家爱德华·约翰·艾尔最先到此而得名。

艾尔湖其实是澳大利亚腹地的两片巨大洼地。大部分时间湖底全部干涸，盖满盐层，一圈好像悬挂着白霜的矿物层围绕在湖的周围。

湖的周边是一片晒干的土地：北面是辛普森沙漠；东西两面是很难通过的布满圆丘和风刻石的平原；南面是一串盐湖和干涸的盐洼。如能在这片荒无人烟的地方看到水的闪光，就足以使人欣喜。地平线上的水光往往是小盐池的闪光或者是由高温热气所形成的海市蜃楼。

 ## 会变魔术的湖水

艾尔湖是澳大利亚大陆最低的地方，湖面比海平面低 12 米。艾尔湖实际上是两个湖，较大的称北艾尔湖，长 144 千米、宽 65 千米，是澳大利亚最大的湖泊；南艾尔湖则长 465 千米、宽约 19 千米，两湖之间由狭窄的戈伊德水道（长约 15 千米）相连接。只有当雨下得非常大的时候，雨水才可能从远处的山上流入艾尔湖，流程长达 1 000 千米。

当水流到荒芜的沙漠上时，这里转眼间发生了翻天覆地的变化，就像变魔术一样，那些不知道在干裂的地下沉睡了多少年的植物种子纷纷发芽、开花、结果，如同色彩斑斓的万花筒一样装点着艾尔

平静得似乎不起一丝波澜的艾尔湖，是那样的神秘莫测，那样的令人向往

湖。鱼、虾和千里迢迢赶来的鸟类也把这里当成它们的乐园,艾尔湖呈现出一片生机盎然的景象。

供水消失的时候,湖水在高温的作用下蒸发得很快,动物们为了自己的生命开始争分夺秒。幼鸟急着学会飞行,否则就会被它们狠心的父母抛弃在这里,而那些可怜的淡水鱼就只能在湖中等死了。艾尔湖又恢复到了它最常见的荒凉状态,耐心地等待着下一次雨水的到来。

1840 年,欧洲人艾尔第一次发现了艾尔湖,并以他的名字为这个湖命名。当时湖水虽然已经干涸,但湖底的淤泥阻碍了他继续探索的脚步。直到 1922 年,一个叫哈里根的人从空中测绘了艾尔湖的全貌,他在空中看见的北艾尔湖中是充满湖水的。但当他第二年步行到艾尔湖的时候,湖里只有勉强能浮起一艘小船的水量了。据说,2 万年以来,平均每 100 年,艾尔湖只有两次才会完全被水充满,一般每隔 20 年—30 年才能涨一次大水。1950 年,此湖曾经灌满湖水,水深甚至达到 4.6 米。

艾尔湖的面积变化很大,从 8 030 平方千米到 1.5 万平方千米不等,按照其平均面积,它是世界第十九大湖。艾尔湖的面积和湖区轮廓很不稳定。雨季,间歇河带来大量流水,湖面随之扩大,成为淡水湖;旱季,强烈的蒸腾作用使湖面缩小,湖底变成盐壳。1964 年,英国人唐纳德·坎贝尔驾驶他的"蓝鸟"汽车,在艾尔湖的盐层上创造了一项世界地面车速纪录——最高时速达 715 千米,接近现代客机的航速。

艾尔湖湖区气候干旱,年平均降水量一般在 125 毫米以下,蒸发量可达 3 000 毫米,湖底经常干涸。流入湖中的河流都为间歇河,地下有大量自流盆地可供开发使用。艾尔湖还有丰富的石油、煤等矿藏。不得不说,大自然在这里表演了一场精彩绝伦的魔术。

卡卡杜之谜

卡卡杜国家公园是一处拥有丰富自然遗产和文化遗产的游览胜地。这里郁都葱葱的原始森林为各种各样的原林野生动植物提供了良好的生存环境；而在许多岩洞中，内容丰富、造型各异的壁画和石雕也给人们留下了一个个待解的谜题。

神奇之旅

卡卡杜国家公园位于澳大利亚北部地区首府达尔文市以东200千米处，面积19 804平方千米（相当于法国科西嘉岛的2倍）。这里的自然风光因地而异，随季节而变。从12月初开始的雨季所带来的暴雨常常导致洪水泛滥；而5月—10月则是旱季，几乎不下雨。

1845年，欧洲探险家莱奇哈特在他为期一年零四个月的探险中翻过了阿纳姆地高原，见到了"许多奇形怪状的砂岩"，"岩缝和沟壑中长满各种植物，掩盖了我们跨越高原时遇到的一半险阻"。

在黄昏中，整个卡卡杜国家公园都沉寂在暮色中，只有碧波荡漾的湖水泛起片片金光，为卡卡杜国家公园平添了一份悠然与神秘

阿纳姆地高原边缘的标记是一条沿国家公园的东面和南面蜿蜒五百多千米的陡崖。陡崖下面的低地上，分布着森林、草地和沼泽。莱奇哈特曾用这样的语句来描述卡卡杜荒原上的主要河流——东鳄河的美丽："我们走进了一个风光绮丽的河谷……孪生瀑布的东面、西面和南面都是高耸的山岭，从几乎无树的碧绿草原上拔地而起。"

峡谷从陡崖边缘切入，有些地方的陡崖高达四百六十多米，其中比较有名的雨季瀑布是 200 米高的吉姆吉姆瀑布和因外形得名的"孪生瀑布"。"孪生瀑布"的两股水流从高原飞泻而下，落差达 100 米，雷鸣般的声音传出很远。

卡卡杜的历史

卡卡杜国家公园是以澳大利亚土著卡卡杜族的名字命名的，公园的大部分土地归土著人所有，他们把土地租给国家公园与野生物种管理部门。这里是土著人的故土，他们在这里至少居住了 4 万年。按照他们的传说，卡卡杜荒原及这里的风景都是由他们的祖先创造的。

诺尔朗吉岩是阿纳姆地陡峭悬崖上单独突出的岩层巨石，几千年来它保护当地居民安全度过每年一月至三月的暴风雨季节

卡卡杜国家公园的悬崖上有许多岩洞，里面有在世界上享有盛誉的岩石壁画，目前已发现有 1 000 处，其中最早的为 18 000 年前的土著岩石壁画。

因为海面的上升，所以不同年代在这里生活的动物显然并不相同。而壁画里的动物种类便随着绘

在吉姆吉姆瀑布和双子瀑布景区驱车旅行，卡卡杜所有的壮丽奇观和惊险刺激都将在途中一览无余

画的年代而变化。最早的壁画作于最后一次冰河时期，当时海面较低，画中有袋鼠、鸸鹋、袋獾（在北澳现已绝迹），以及一些早已灭绝的巨大动物。冰河时期结束后海面上升，阿纳姆地悬崖下的平原变成了海洋和港湾，所以这一时期的壁画中主要画的是巴拉蒙达鱼和梭鱼等鱼类动物。有些画还把动物体内的构造都画了出来。约1 000年以前卡卡杜的淡水沼泽已形成，这个时期的壁画中有鱼、鹊雁，以及在沼泽中用篙撑筏的妇女。

物种丰富的自然之地

卡卡杜公园内植物类型丰富，超过1 600种，这里是澳大利亚北部季风气候区植物多样性最高的地区。最近的研究表明，公园内大约有58种植物具有重要的保护价值。有280种以上的鸟类在这里聚居繁衍，其中代表性鸟类是各种水鸟和苍鹰。

保护这里的动物种群无论对于澳大利亚还是对于世界都具有极为重要的意义。这里的动物物种丰富多样，是澳大利亚北部地区的典型代表。仅爬行动物就有 75 种。
著名的咸水鳄就生活在这里，它
身长 4 米~6 米，性情凶猛，会攻
击人和其他动物。卡卡杜荒原上
还有一种叫作皱褶鬣蜥的爬行动
物，它受惊时，会把松弛的皮肤
皱拢到头颈处竖起来，模样有点
像小恐龙。

在卡卡杜草地上散布着许多
大小形态各不相同的罗盘白蚁的
蚁垤。有人曾经认为，罗盘白蚁
把蚁垤方向建得好像指南针一样
是因为它们可以感知地磁。现在
看来，这种造型只是为了蚁巢内温度调节的需要：在早晚阳光最弱
时，蚁垤的宽面朝向太阳，以便吸收最多的热量。在中午，蚁垤较
窄的面向着太阳，以免巢内过热。这样，巢内的温度可稳定地保持
在 30℃左右。

卡卡杜不仅是澳大利亚最大的国家公园，同时还被联合国列为
世界遗产。如果驱车沿"西鳄河"行驶，细心的游客就会看到标语
牌上写着"您正在进入'上帝之乡'，务必保持这个场所的清洁。"

大堡礁形成之谜

大堡礁是世界上最大的珊瑚礁区，是世界七大自然景观之一，几千种珊瑚、鱼类和其他的海洋生物将此地作为它们骄傲的王国。大堡礁是澳大利亚人最引以为豪的天然景观，又称为"透明清澈的海中野生王国"。那么，大堡礁是如何形成的呢，这有待人们进一步研究。

珊瑚虫创造的奇迹

大堡礁纵向断续绵延于澳大利亚东北岸外的大陆架上，是一处延绵2 000千米的地段。它是由三千多个不同生长阶段的珊瑚小岛、珊瑚礁、伪湖和沙洲组成的，在南岸马尼福尔德附近，珊瑚岛宽达320米。

面对如此美丽的自然奇景，人们不禁要问，这些珊瑚礁是怎么出现的呢？不可思议的是，营造如此庞大"工程"的"建筑师"竟然是直径只有几毫米的珊瑚虫。

珊瑚最早被归为植物类，但事实上珊瑚是一种叫作珊瑚虫的无脊椎动物。每个珊瑚礁都是由底基和表层两部分组成，其底基是由

死珊瑚虫的骨骼沉积而成，表层是由活着的珊瑚虫构成的。珊瑚虫会从其裂缝或者小孔中钻出来觅食。

珊瑚寄居在海藻上，形成珊瑚礁。珊瑚保护海藻，并为其提供养分。而海藻这种植物利用阳光制造珊瑚的食物作为回报。更为重要的

是，海藻能够促进珊瑚将海水中的钙盐转化为碳酸钙，使珊瑚形成骨骼。离开海藻，珊瑚便无法形成珊瑚礁。珊瑚虫的存活条件很苛刻：任何沉积物都会妨碍其捕捉食物，因此海水必须清澈，另外，水温全年不能低于21℃，并且海底必须有大量的岩石，以便于珊瑚骨骼的固定。

物种繁多

大堡礁至少有 350 种珊瑚，这些珊瑚姿态各异、绚丽多彩，把这里装点得异常美丽。珊瑚栖息的水域颜色从白色过渡到靛蓝色，珊瑚则有淡粉红、深玫瑰红、鲜黄、蓝、绿等各种颜色，鲜艳亮丽。

种类繁多也就意味着生存竞争激烈。如何能获得更多的阳光，成为种族延续的重要问题，珊瑚们八仙过海，各显神通：有的通过增大体形来抢占阳光，比如鹿角珊瑚每年即可增大 26 平方厘米；有的可以根据所在的海水深度改变形状，在阳光稀少的时候长成扁平的形状，阳光丰富的时候就长成手指的形状。

珊瑚礁的温度、湿度、清晰度，以及食物的种类都会因其群落内环境的不同而不同，因此大堡礁内的众多生物都能在这里找到各自喜欢的生存环境。海参吐出的细碎贝壳和沙粒沉入海底之后，可以填补珊瑚底基的裂缝，能保护礁石。且不提甲壳和贝壳类动物，也不说海葵、鸟雀之类，仅鱼类就有一千四百多种。

鱼类为了适应这里的环境也需要对自身进行一些改造。钳头蝴蝶鱼长有管状的长嘴，这样就可以插入缝隙中寻找食物。彩蓝条纹的隆头鱼是这里的"清道夫"，它们以别的鱼身上的寄生物为食，这样既帮助别的鱼保持了健康，也不用再为自己的食物发愁。不过还有一种冒牌的"清道夫"，它们的外表

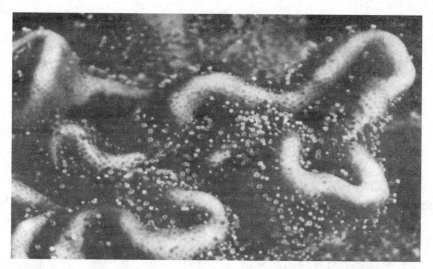

大堡礁中的珊瑚形态各异，颜色绚丽，非常迷人，每年都会吸引大量游客前来旅游观光

和隆头鱼很像，但它们可不吃寄生物，它们会直接咬掉那些被它们的外表欺骗的鱼身上的肉。有些鱼为了吸引配偶长得五彩斑斓，也有的为了保存性命将自己伪装成布满海藻的岩石。

 ## 微妙的生态平衡

珊瑚礁的生态平衡非常微妙，一旦改变就可能会造成灭顶之灾。20世纪六七十年代的时候，游客捡光了礁石上的法螺，法螺是刺冠海星的天敌，刺冠海星又是珊瑚的天敌。所以刺冠海星因为天敌减少而迅速增长的时候，珊瑚礁就大片死亡。后来人们虽然采取许多措施保护了法螺，但部分珊瑚礁的生态平衡需要至少40年的时间才有可能恢复。

某些春季的夜晚，大堡礁会出现非常壮观的奇景。在不知名的诱因下，所

大堡礁生物种类繁多，形态各异的生物和谐地生活在一起，共同构成了大堡礁迷人的美景

有的珊瑚虫会一起呈现出鲜艳的颜色，然后会释放出卵子和精子，幼珊瑚虫便产生了。它们随着潮汐四处游动，寻找适合自己的环境，建造新的珊瑚礁。

珊瑚礁一刻不停地生长，露出水面之后很快盖上一层白纱，植物在其上生长。这些植物的生长繁殖速度快得惊人，它们会结出一种可在海上漂浮数月的耐盐果实，直到漂到某个适合的环境，就开始了新一轮的生长。生存在礁石上的鸟类的粪便使礁石上的土壤更加肥沃，一些植物的果实也借着这些鸟类的粪便散播到各地，当然也有一些是靠粘在鸟的羽毛上旅行的。

地球最美的"装饰品"

大堡礁堪称地球上最美的"装饰品"，像一颗闪着天蓝、靛蓝、蔚蓝和纯白色光芒的明珠，即使在月球上远望也清晰可见。但是，当初首次目睹大堡礁的欧洲人并没用丰富的词汇来描述它的美丽，这颇令人费解。这些欧洲人大部分是海员，也许他们脑子里想的是其他事情而忽略了大自然的美景。

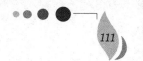

澳洲大陆之谜

澳洲这块南半球唯一的大陆似乎从来都不缺少神秘。在面积为 770 万平方千米的土地上似乎到处都充满了待解的谜题。古代埃及人是否曾在这里经商,中国明朝的瓷器为何出现在这里,历史上又是谁最早发现了这片神奇的土地?

澳洲是南半球的唯一一块独立大陆,也一直是世界上最孤立的地区。大陆的三面都被海洋包围,只有正北方的岛屿成为让人们登陆这里的通道。但这些岛屿被容易迷航的曲折海峡所包围,使这片陆地之外的人们来到这里变得异常困难。正因如此,在 18 世纪后半期之前,这块 770 万平方千米的大陆从未受到那些文明世界的殖民者的侵扰。

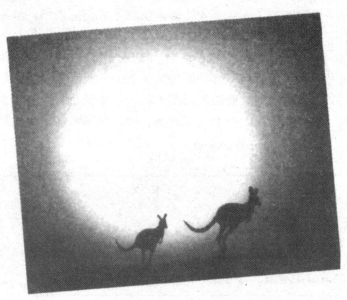

神秘的澳洲大陆

过去在西方世界，一直都有人相信澳洲大陆的存在，即使一直没有人发现，但希腊人还是坚定地认为南半球一定有一片与北半球的陆地相对应以保持陆地平衡的大陆存在。希腊的历史学家在约公元前350年的史书里提道："有欧洲、亚洲、利比亚各岛屿，还有一片非常广阔且无法测量其大小的大陆存在着。在这片陆地上有茂密的牧草，该地区所饲养的一些庞大而健壮的家畜，比我们现在所饲养的家畜要大1倍以上；而且该地区人类

曾经荒凉的澳洲，在世代人们的辛勤努力下，如今已经高楼林立，一派现代都市的繁华气息

的出生率，也比我们高得多。该地有很多城市及地区，他们所奉行的法律和条文也和我们完全不同。"古希腊人或罗马人对赤道另一边的世界心存恐惧，在希腊早期的地理学家在亚历山大时代对马来半岛有了一定程度的了解后，才逐渐地消除了人们的恐惧，希腊人的脚步，开始迈向了东方和南方。

传统上，人们根据肤色将世界上的人类分成白色人种、黄色人种和黑色人种三大类。但澳洲原始的土著——亚波利吉尼人却显然不能归到这三类中去。亚波利吉尼人的皮肤呈黑色，额头很小，眼眶很深，手臂非常瘦，身上毛发密集。经过科学考证，亚波利吉尼

到底是谁发现了澳洲大陆，至今无人知晓，但它优美的风景和众多的珍稀动物是人类所共有的财富

人的发源地是澳洲北部的爪哇岛及其附近诸岛。澳洲人种大部分进入了南方广阔的大陆，只有少部分迁徙到了马来半岛和印度。

科学推断

经过科学测定，科学家们判断亚波利吉尼人早在 16 000 年前就已经到达了澳洲大陆。当时的海面至少比现在要低 80 米，如此一来，新几内亚和澳洲大陆通过广阔的沙洲而连在了一起，这就给那些想要迁徙到这里定居的人们减少了阻碍，使他们可以安全到达。但在当时的地貌情况下，要想抵达新几内亚，还要横渡海洋，好在这些澳洲人种不仅擅长游泳，而且他们中的部分人还拥有小船。在占据天时地利的情况下，到达这里虽然算不上容易，但也并不算太难。

澳洲土著是一种很单纯的"采食民族"，他们并不农耕，而是将蛇、蜥蜴或是昆虫的幼虫作为食物，植物的根部、鱼，甚至袋鼠、鳄鱼都是他们食物的一部分。他们所使用的工具或武器通常都是用

石头、兽骨、贝壳或树木制成的，
虽然粗糙，却不乏创意。他们的身
体适应性良好，严寒、酷暑、湿度
极高的气候都无损于他们的身体健
康。亚波利吉尼人习惯赤裸着身
体，集结成分散的部落在旷野中生
活，即使是有了小草屋也是如此。
他们没有什么固定财产，所以迁徙
对他们来说是再容易不过的事情。

澳大利亚悉尼圣马利亚教堂

1788 年悉尼殖民地建立的时候，大概还有将近 30 万的亚波利吉尼人
生活在澳洲，但生存环境被破坏，欧洲人所带来的疾病，以及欧洲
殖民者的屠杀使现在生活在这里的亚波利吉尼人大概只剩下 8 万人
了。在 19 世纪中叶的时候，亚波利吉尼人正在走向灭亡的这个事实
已经被很多人所了解了。

　　1909 年，这里发现了公元前 221 年到前 203 年埃及国王托勒密
四世所使用的货币。这些货币大概可以证明在 2 000 年前，已经有贸
易商人在这一地区活动了。1879 年，人们在达尔文附近的一棵菩提
树中发现了一尊石灰质的道教小雕像，莫非中国人也来过这里？

　　悉尼歌剧院是世界著名的表演艺术中心，更是 20 世纪最具特色的建筑之
一。现在，悉尼歌剧院已经成为悉尼市的标志性建筑，更是澳大利亚的象征
之一

澳大利亚悉尼市的海港大桥，有
"世界第一单孔拱桥"的称号，巍峨
俊秀，气势磅礴，与举世闻名的悉尼
歌剧院隔海相望，成为悉尼的象征

1948年，人们在一个叫作维恩却尔西的岛屿上又发现了中国明朝的瓷器碎片。中国人到底有没有到过这片大陆呢？那些经常往来于中国海、印度洋和太平洋之间从事贸易活动的亚洲大陆诸民族应该知道这片广大的南方大陆，并且曾经抵达过澳洲海岸的边缘。但他们只关心贸易而已，因此澳洲大陆并没有引起他们的注意。而且，即使真的有人抵达澳洲，当地土著人的敌视也会使他们立刻离开的。

到底是哪个国家的人最先发现的澳洲大陆呢？对这个问题向来没有统一的答案。但是有一点得到了大家的认可，就是葡萄牙人在1511年—1529年曾经到达过澳洲。但即使是他们首先发现的澳洲，历史资料的缺失也使得具体的日期无从考证。唯一一个可以称得上是证据的是标明为1541年葡萄牙人制作的"迪艾普"地图。在这张地图上的澳洲，脱离了以往幻想的样子，而是真正澳洲地形的样子。许多葡萄牙语的地名也可以作为葡萄牙人是最先发现这片土地的佐证。

谁发现了这片大陆已经不是最重要的，最重要的是这片大陆上那些奇妙的景色无一不显示着自然的神奇，而这片大陆蓬勃发展的经济也为人类的发展作出了巨大的贡献。

乔治湖隐身之谜

大千世界，无奇不有，鸟类飞翔在蓝天上，野兽奔走于大地上，这并不足为奇，但你见过消失了又重新出现的湖泊吗？这个听起来不可思议的湖泊真实地存在于澳大利亚。

行踪不定

乔治湖位于澳大利亚最大的城市悉尼与澳大利亚的首都堪培拉之间。在去往乔治湖的路途中，汽车在澳大利亚美丽的土地上穿行，桉树林一望无际，草地上偶尔闪过的牛羊以及蹦蹦跳跳的袋鼠，如同一幅幅流动着的图画，让人为之侧目。

穿过树林，在公路上行驶了一段时间后，人们会看到一片一马平川的草原，这里就是世界闻名的乔治湖。也许你会感到很奇怪，看着一群群牛羊在悠闲地吃着草，这里怎么可能是湖呢？原来，乔治湖之所以有名，就在于它的"行踪不定"，因为它会不定期地消失一段时间，当它消失时，这里便会出现一大片草原。然后，不知道哪一天，碧波荡漾的湖水又会重新出现在世人的面前。据有关专家统计，该湖一个周期为 12 年，它从干旱到湖水丰盈通常会持续 3 年—5 年的时间，而干涸时间和丰水时间基本相当，约各占 5 年—6 年。在丰水期时，湖面面积约为二百平方公里，湖面平均深度为 2 米左右，完全是平原水库的特征。但令人感到惊奇的是，乔治湖

并没有入湖的河流，也没有流出的水路，科学家们至今也无法弄清楚乔治湖的湖水是从何而来，又流向哪里去。干旱与湖水盈满完全是偶然产生的，没有任何明显的自然变化。从1820年至今，乔治湖已经消失和出现过5次。现在呈现在人们面前的乔治湖就是一块草木丰盛的洼地，由于最近一次乔治湖干涸的历史较长，湖底已经长起了高达十几米的大树。悠闲的牛羊在其中吃着茂盛的青草，谁能想到这里原来是鱼虾的乐园呢？

　　科学家曾对这一奇怪的自然现象进行了深入研究。有人认为它的消失与再现可能与星体有关，它和其他星体间的引力变化导致了湖水的离奇消失，但此说法目前缺乏足够的证据证明两者之间有确凿的关联。也有一些科学家认为，乔治湖是典型的时令湖，它的水源主要来自河水和雨水，如果当年雨量少，水分蒸发量大，湖水就会干涸，因而它有时会突然消失，但据目前的研究表明，乔治湖周围并没有为它提供水源的河流，"雨水说"也站不住脚。也许当地的地球板块有自动开启和关闭的"特异功能"。要不然，为什么湖水会在短时间内消失，甚至连湖中的鱼都消失得无影无踪了呢？难道是被外星人转移到别的地方去了吗？种种的疑问让科学家们无从解释，乔治湖"变幻湖"的别名真是名副其实，但是乔治湖消失的原因一直是一个疑问，悬在对自然充满好奇的人们的心间。

美洲
MEIZHOU

加拿大夏天遗失之谜

春夏秋冬，四季轮回是再正常不过的自然现象，但有谁会想到1816年加拿大的夏天却突然莫名其妙地消失了，而这又间接影响了整个世界。在那样一个冷如初冬的夏季，人们惶恐不安、心惊胆战，而谁又会想到这一切仅仅是一座火山喷发造成的后果。

在加拿大南部和美国东北部，1815年—1816年的冬天与常年没有什么区别。春天按时到来，4月，鸟从越冬地飞了回来，花朵也如期绽放。但到这个时候看起来还一切如常的这一年注定要被历史所记载，因为它是个夏季遗失的年份。

在这个地区，4月份感到寒冷是正常的。但到了1816年5月，每天早上依旧是寒霜覆盖着大地，就像冬天还没有过去一样，人们开始关注起来。但仍然没有人认为这一年会有什么特别之处。

6月5日，寒风席卷了这个地区，紧接着一场大雪使地上的积雪达23厘米~30厘米。除了最耐寒的谷物和蔬菜活了下来之外，其他植物难以存活。古怪的气候持续到8月，早上的气温常常在－1℃左右。有几天下午天气暖和，人们试着种下庄稼，却都再次毁于冰雪寒霜。9月中旬，出现了一场严重的霜冻，冬天稍稍提前了，那是一个罕见的严冬。

1817年春天和夏天按时到来，从那以后气候一直正常。然而是什么导致了那一年此地没有夏季呢？经过多年的思考与研究，现在科学家已经推断出当年无夏季的原因。事件发生在一年前的荷属东印度群

岛。1815年4月5日晚，位于松巴洼岛上的坦博拉火山爆发，这次猛烈的喷发甚至比68年后著名的克拉卡托火山喷发还强烈。坦博拉火山喷发将65立方千米的碎石抛到距3 962米高的火山口1.6千米以外的地方。喷发使几百千米以内的岛上沉积了0.3米厚的火山灰。细小的火山灰进入同温层，它要围绕地球转动几年。尘网效应挡住了阳光，从而使气温下降，尤其是在英格兰和加拿大。

大气中的火山灰除了影响北美，还影响了世界其他地区。事实上，这几乎是全球性的天气变冷。庄稼减产在西欧引起了饥荒，在瑞典，人们被迫吃冰原上的苔藓和猫，法国发生了食品骚乱。如果这种反季节性的降温再持续几年，大陆冰层就会形成，地球就会进入新冰河期。

一些科学家预测这样寒冬般的夏天还会出现。在过去的几十年中，自然界的火山活动和人类的工业活动使大气中的灰尘不断增多。如果这种趋势再持续一个世纪，它可以产生与温室效应相反的效果——地球的温度将会急剧下降，冰河期将会重现。大难来临前，夏天会越来越凉，而冬天则会越来越热。

不可否认，人类的行为正在影响着气候，所以我们必须从现在开始善待环境，否则，等待我们的将是大自然无情的惩罚。

海底"风暴"之谜

看 上去风平浪静的海面，海底却汹涌异常。海底沉积物出现层层波纹，海水幽暗漆黑、浑浊不堪……是什么原因导致这些怪异现象的产生？探究背后的真相，人们仍在不懈地努力。

神秘的海底"风暴"

在美国东北部的大西洋沿岸地区有两件令人非常惊奇的事情：一是从深达 5 000 米的海底采集的海水，竟然漆黑一团、浑浊不堪，而且其污浊程度要比普通大洋高 100 倍；二是从海底拍摄的照片上可以明显看到，在平坦的海底沉积物表层出现了一圈圈有规则的波纹，仿佛一阵大风刚刚刮过，随即水面留下了层层涟漪。然而通常在非常平静的海底深处竟然会出现这种惊异的现象，着实令人颇为惊叹。难道在幽深黑暗的海底世界也出现了"风暴"吗？

为了找出这一现象的原因，美国海洋学家、地质学家曾在诺瓦斯科特亚南部海域进行了一次科学考察，并将这次实验命名为"赫伯尔实验"。科学家在考察过程中采集了海底水样，拍摄了海底照片，同时测量了海水的透明度，并在海底设置了独特的海流计，对底层海流进行长期的连续测量。科学家们在"赫伯尔实验"期间又采集到了混浊的水样，

幽暗的海底深隐玄机，令人迷惑不解

并再次证明了实验地区底层海水的扰动现象异常强烈。同时还发现这里海水的混浊程度可随地点、时间的变化而变化，而且越接近海底海水混浊程度越大；奇怪的是，有一处海水非常混浊，但一个星期后又突然变得清澈了。

"风暴" 的成因

　　科学家认为，这一现象是由一股一千米长的沉积物——"云雾"状潜流在海底奔腾形成的结果。它犹如一场奇异的海底"风暴"，将海底沉积物刮起，使海水变得异常混浊。但是，这股深海潜流为什么会如此激烈汹涌呢？有的海洋学家认为，这是从附近涌来的一支强大的墨西哥湾流左右摆动的结果；而另一些海洋学家则认为，该海域海底地貌有南北走向的隆起，上下起伏的地方，极容易使深海水流激烈地扰动；此外还有一些科学家指出，在"赫伯尔实验"区域的南部存在水下死火山山脉，海底起伏现象也可改变海流方向，从而形成剧烈的涡旋。关于海底"风暴"的说法不一，这支深海潜流产生的原因至今仍是一个未解之谜。

谢伊峡谷之谜

与科罗拉多大峡谷齐名的谢伊峡谷在人文景观方面更为引人注目，世界闻名的木乃伊洞穴遗址便在谷中。斑驳的岩壁雕刻、神奇的"滑行的屋子"，谜一般的古印第安文化使谢伊峡谷备受瞩目。久远的古印第安文化期待着人们的探索。

谢伊峡谷位于美国亚利桑那州与新墨西哥州的分界线附近，由东南向西北，蜿蜒纵横。谷中砂岩峭立，保留着大量古印第安人的遗迹，岩壁上斑驳的雕刻绘画，向人们讲述着曾经的辉煌。

这个峡谷由流速缓慢的河川雕凿而成，许多峡谷组成了这样一个"迷宫"。谷底深入迪法恩斯高原的红砂岩中，峡谷岩壁陡峭并且平滑，高度从 9 米~300 米不等，富含矿物的水流从崖壁上流至岩面，形成了岩

夏末、整个秋季是谢伊峡谷最怡人的时刻，置身其间，总会令人由衷地为之感动

纳瓦霍人为家园而战，勇敢抵抗侵略者。一处处烧得焦红的土地，诉说着纳瓦霍人的悲愤

壁上的与油画中的线条十分相似的黑色条纹，有"沙漠油彩"之称。

纳瓦霍人家族

谢伊峡谷与科罗拉多大峡谷齐名，在某一方面甚至比它更为引人注目。至今，整条峡谷依然属于美洲印第安人。纳瓦霍印第安人是谢伊峡谷的主人，他们在此至少居住了 400 年。如今，峡谷中约有 70 个纳瓦霍人家族，他们种植谷物、瓜菜，栽种果树，放牧牛羊。

其实，早在纳瓦霍人到来之前，这里就已经是阿纳萨兹人的家园。1880 年，一支考古探险队在峡谷中一处 213 米高的峭壁下，发现了古印第安人的居穴，那里面有两具保存完好的木乃伊。据考证，这个遗址大约从公元 300 年开始，就已经有人居住。阿纳萨兹人在 1296 年前后移居到这里，在这里建家立业。考察队将该遗址命名为木乃伊洞穴遗址，而纳瓦

谢伊峡谷中壮观的峡谷、古朴的岩刻艺术、祥和的印第安村庄，宛如一幅自然与人的和谐画卷

霍人则将祖先的旧居称为"岩下之屋"。

峡谷中，还有一处有趣的阿纳萨兹人村落遗址，同样吸引着众多参观者，即"滑行的屋子"。遗址中的房屋建造在一个险峻倾斜的岩架上，这样的建筑方式，恐怕连最伟大的阿纳萨兹建筑师也不能保证那些墙壁不会移动。

当纳瓦霍人第一次抵达谢伊峡谷时，阿纳萨兹人的村庄已经变成了一片废墟。在 17 世纪，纳瓦霍人已过着半游牧的生活。18 世纪，他们更是因肥美的羊群、精致的羊毛毯和高产的谷地而远近闻名。然而，19 世纪早期开始，纳瓦霍人的平静生活被西班牙入侵者破坏殆尽，几次血腥的冲突场面被记录在峡谷的峭壁上。

当纳瓦霍人终于回到谢伊峡谷的时候，家园已经面目全非，在新的庄稼长出来之前，纳瓦霍人不得不接受政府的定量配给。而后，纳瓦霍人又经历了 1868 年—1880 年的大旱灾，尽管困难重重，纳瓦霍人依然顽强地生存下来，在这个特别的地方开始了新生活。1931 年，纳瓦霍人在谢伊峡谷建立了国家公园。如今，这里已经是著名的旅游胜地，来自世界各地的游人络绎不绝。国家公园设有游客中心，提供游车、观景服务。如今，峡谷依然属于纳瓦霍人，因此进入谷中，必须要纳瓦霍导游陪同，在印第安村落拍照也需要征得主人的同意。

夏末和整个秋季都是谢伊峡谷最怡人的时刻，壮观的峡谷、古朴的岩刻艺术、祥和的印第安村落，宛如一幅人与自然和谐相处的画卷，置身其间，总会令人由衷地为之感动。

亚利桑那州金矿之谜

1840年年末，伯兰塔探险时发现了亚利桑那州金矿，人们听到这一消息都对它垂涎欲滴，但来到这里的人却纷纷遇害，无一幸免，杀害探险者的凶手是谁？他们又为何要这样做？

在美国亚利桑那州，有一个被称为迷信山的地方，那里荒草丛生，怪石嶙峋，经常有猛兽出没，特别是有剧毒的响尾蛇。在这样恶劣的环境中，有一座被人们称为"迷失荷兰人"的金矿吸引了许多探险者。1840年年末，一位名叫伯兰塔的探险者深入迷信山，几经艰险，终于发现一处矿藏丰富的金矿，他仔细地作了标记，以便之后开采。从此以后，无数淘金者涌入这一地区，企图找到金矿，但大部分人葬身于荒野之中，还有一部分人因受到印第安人的伏击而死亡，这条黄金通道也因人们的死亡而充满了恐怖的气氛。

后来，有一位名为华兹的德国探险者终于找到了这处金矿，他经常在山上待上两三天，然后神秘地潜回老家，每次总会捎上几袋高品质的金矿石。知道金矿地点的还有他的两个同伴，但是两人却

响尾蛇巨毒无比，足以将被咬噬之人置于死地，但死后的响尾蛇也一样危险。美国的研究指出，响尾蛇在死后一小时内，仍可以弹起施袭。

被人神秘地杀害了，凶手是谁？无人知晓，两人的死因与这座金矿一样成为了永久的秘密。

1891 年，华兹死于肺炎，他在临终前画了一张地图，标明了金矿的位置。1931 年，一位名叫鲁斯的男子通过种种途径弄到了这张不知真伪的地图，于是他携带地图，进入了迷信山，然而他却一去不返。6 个月后，有人在山区发现了他的头颅，头上有两个弹孔，样子很惨，那么杀他的人又是谁呢？1959 年，又有三位探险者在迷信山山区遇害，神秘凶手到底是何人呢？唯一可以确定的是，这个凶手一定知道金矿的位置，有可能凶手想保留这个秘密。虽然不断有人死去，但却无法阻止探险者那贪婪的心，因此，贪婪的寻金者、诡秘的枪声、离奇的死亡、剧毒的响尾蛇和荒野中呼啸的风构成了令人向往并恐惧的迷信山金矿。

神秘的迷信山是否存在着富饶的金矿呢？这一问题一直吸引着前来探险的人们

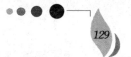

莱丘加尔拉洞穴之谜

丘加尔拉原本是美国新墨西哥州的一个小镇。然而，就是这样一个地球上随处可见的小地方，却引来了世界各地科学家们的关注。是什么令世人如此好奇？莱丘加尔拉到底藏有哪些秘密？这一切的答案尽在莱丘加尔拉洞穴之谜。

美国新墨西哥州的莱丘加尔拉洞穴蕴藏着丰富的艺术品和变化无穷的装饰物。到目前为止，美国南部荒山底下已经发现了近100千米长的洞穴和通道，是世界上最长的山洞群之一。莱丘加尔拉洞穴中的"装饰品"其实是一些矿物硬壳，从洞顶垂下，将山洞装饰得美轮美奂。

莱丘加尔拉洞穴中的石膏形态各异，带给人们无限的遐想

神秘的莱丘加尔拉洞穴到底隐藏着怎样的秘密至今无人知晓，更引起了众多科学家的注意

与大多数略呈酸性的雨水渗透到地下而形成的石灰相反，莱丘加尔拉洞穴是从下而上形成的。来自地层深处油质沉积物的气体通过岩峰升起，与氧气和水混合产生了硫酸，硫酸又与石灰岩发生了化学反应，从而形成了密密麻麻的岩洞和石膏。几百万年来，各种溶于水中的矿物，通过迷宫般的水道点缀着隧道。这些装饰物包括石笋和钟乳石，还有许多石膏作品。它们形态各异，多节的细颈柱支撑着外形类似鸟的扁平岩石，呈柱状的钟乳石从洞顶悬垂下来，一缕缕可延伸6米长的石膏细如发丝。石膏有的形如珍珠，有的形如优雅的褶布，还有许多其他的形状，千奇百怪。

1986年人类才第一次发现这个洞穴。一群探险者被一阵来自洞门的强风吸引，这意味着在岩洞深处有更大的洞穴群。探险者们将洞底的碎石凿开，发现一个被他们称为"石瀑"的几乎垂直的矿井。因为当他们递降时，石头像瀑布一样从这里坠落。矿井下面就是美不胜收的莱丘加尔拉洞穴。

探险行动进行得非常缓慢，这主要是出于谨慎的考虑，除了地形险峻和湖水幽深之外，主要是因为探险者意识到那些装饰物的脆弱，以及他们闯进这里的行为可能会破坏这里的洞穴状貌。

探险者尽可能赤脚走路以避免弄

脏洞底，将行动过程中产生的垃圾带出洞穴，但无论如何谨慎也不能避免对洞穴造成损害。比如装饰物原有的外层可能会被踏碎或弄脏，而洞口拓大所导致的空气干燥，也会使得石膏建筑物受到腐蚀，从而面临坍塌的可能。洞穴专家认为，为了保护莱丘加尔拉洞穴中的这些珍宝，应该禁止公众参观。然而，莱丘加尔拉洞穴还有着怎样的神奇呢？有待科学家们进一步研究。

幽灵之谜

比斯蒂荒地是美国南部新墨西哥高原上的一片荒芜之地，而幽灵的传说更为这片充满诡异的土地蒙上了一层恐怖的面纱。是人们之间的以讹传讹，还是确有其事；是古代宗教仪式的绘画，还是大自然创造的奇迹。比斯蒂带给我们更多的是神奇与美丽。

比斯蒂荒地位于美国南部新墨西哥的高原上，到了夜晚，如水的月光洒在这片如月球表面般荒凉的土地上，偶尔还会传出几声狼嚎，使得这片诡异的地方更显得有些阴森。这里曾经是一片沼泽雨林地，而且常有恐龙出没。

在比斯蒂荒地几乎看不到生命的迹象，很难想象出这里曾经是一片生机盎然的热带雨林，包括鸭嘴龙、五角巨龙，以及凶猛的食肉暴龙在内的恐龙和最早期的哺乳动物，都曾经是这里的住户，而那些巨大茂密的树木和蕨类植物，也曾共同生存在这里。

腐烂的植被变成煤炭，而动植物的残骸被埋在沼泽的泥沙里，在数百万年的积压之后，变成了砂岩和页岩。这些岩石在地球板块的移动和气候变化下升高，最后形成平原。

风蚀和大雨将岩石群雕凿得千奇百怪，矗立在这片荒地上，

宛如一座天然的艺术画廊。这些岩石雕像有的像无臂石怪，有的像巨型的蘑菇，凡此种种，不一而足。这些岩石被视为不祥之物，在非洲语中为"灵"之意。距今约有 8 000 万年历史的柏树干、棕榈树叶和恐龙化石散见在这些岩石之间。

直到公元前 6000 年，阿纳萨基人的祖先才开始饮用该区域的泉水，并在此捕猎，人类开始涉足这片土地。之后被美国其他土著人赶出原住地的纳瓦霍人退居到比斯蒂地区，到 1850 年，这里已经有许多居民了。他们在这里建造用于居住的草屋，在附近的高原上放羊。纳瓦霍人认为这里是十分神圣的，他们在宗教仪式中使用收集来的彩沙绘成沙画，并用粉白色的泥土在参与仪式的人身上绘画。

当阳光洒在这片神奇的土地上的时候，五彩缤纷，煞是好看。淡粉红色、酱紫色、呈虎斑纹的橙色是砂岩和页岩，深灰色是暴露在外的煤层，奶白色和柠檬黄色则是沙子。比斯蒂像一幅天然的画卷，完美地表现着大自然的神奇与美丽。

"谍岛" 失踪之谜

谍岛位于洲际航线旁边，被视为重要的战略要地。美国对它一直虎视眈眈，并从这里获得了很多情报。然而有一天，它突然从人们的视线中消失了，这究竟是怎么一回事？

"谍岛"是一座面积不到500平方米的珊瑚岛，位于南太平洋地区。然而正是这座不起眼的小岛，却引发了一个令人惊奇的故事。由于"谍岛"处于洲际航线的旁边，地理位置极为优越，所以被美国中央情报局看好，在岛上偷偷安装了一台现代化的高灵敏度海洋遥感监测器，据说这一装置与美国的空中军事间谍卫星相连，使从岛上获得的情报直通五角大楼。经过这条洲际航线的各种船只和潜水艇，都无法逃过五角大楼的掌控。

然而好景不长，1990年夏季的一天，"谍岛"上安装的监测系统突然完全失灵，消息中断，五角大楼的工作人员顿时惊慌失措。情报官员认为这一状况有可能是苏联的间谍机构发现了谍报秘密，故意把它破坏掉。随即，五角大楼的相关专员迅速召开会议，并立即派遣舰队，以军事演习的名义前往"谍岛"。当舰队到达事发地点时，顿时被眼的一片汪洋惊呆了。这个神秘的珊瑚岛早已杳无踪影，神秘离奇地消失了。关于这次事件产生的猜测至今仍在进行，但终究也没有搞清"谍岛"失踪的真正原因。

加州地震之谜

　　地震是一种自然现象，它的破坏性很强，常常造成建筑物倒塌，人员伤亡惨重。例如中国四川的汶川大地震，给人们带来了巨大损失。到底是什么原因造成地震的发生呢？虽然地震学家为此付出了巨大的心血，但地震的成因却仍在探索之中。

　　加州西南部一条狭长地带与北美洲其他部分被圣安底斯断层隔开，加州嵌在太平洋板块内，每年向西北漂移几厘米。按照这样的移动速度，包括洛杉矶、圣地亚哥，以及加利福尼亚半岛等地区，在 500 万年后会向西北漂移 150 千米，封住旧金山港。5 000 万年

　　强烈的破坏性地震会瞬间将房屋、桥梁、水坝等建筑物摧毁，直接给人类造成巨大的灾难

后，加州可能会成为一个海岛。但科学家无法断定在那么久以后，它是否仍然会继续向西北方向移动。

地质学家认为，板块相遇或板块陷入海沟时，就会引发地震。例如南美洲的西海岸就有一个巨大的海底板块正在陷入一个大陆板块下的深沟中，这便使得安第斯山脉隆起，因此这样引发的地震常常使得智利和秘鲁都有较强的震感。

生活在地震危险区，我们应该把关注点集中在建筑抗震和自我救援上面

特殊地理位置

北美洲海岸却并不遵循这个规律，以圣安底斯断层为分界线，这里有两个相邻的板块，其中一块是太平洋板块，整个太平洋北部包括加州的一条海岸裂片都是由其构成的；另一板块包括整个北美洲及大西洋西半部。有一种不明的推动力以每年5厘米多一点的速度使这两个板块缓缓相摩擦而过，太平洋板块向西移动，将阿留申半岛推出海面，北美洲板块则向东南方移动。自公元200年以来，加州一共经历过12次大地震，但是直到1906年的大地震，人们才开始注意到圣安底斯断层。

加州地质学家最爱去的地方是莱特坞镇北侧的几十个全年开放

水波向岸边运动并激起浪花，地震运动与此相当类似。我们感受到的摇动就是由地震波的能量产生的震动

的游乐园，这些游乐园的共同特点是它们都有可供钓鱼和划船的小湖。事实上，这些"湖泊"是沿圣安底斯断层北行路线的下陷池塘。公园的西北方是大片的平原。自 1857 年以来，这片平原的断层一直处于休眠状态。但通过对这片地区的观察，可以很清楚地看出沿断层向旁边滑动的情况。从飞机上看这片平原，可以看到超过 150 条横过断层线的河床，只有历史最短的河流才笔直横过断层线，其他的河道都是被截断的，这是因为地震的时候断层线两端的岩石突然陷入新位置而形成的，原本笔直的河流被截为两条互不相连的水道，有的断口两端甚至相距 333 米远。

断层在接近旧金山湾时呈现出不同的样貌。在这个地区，断层的岩石每年可滑动 2 厘米~5 厘米，断层的岩石在一个地区锁住，在另一个地区则缓慢地滑动。有人认为，断层上有锁住的岩石，将来就会发生大地震。而地质学家注意到，滑动地带比静止地带发生地震的频率要高，但强度要低。滑动使表面地形移位，有时建筑物也会因为这种移位而变形，所以这里的围墙、道路和桥梁，都需要频繁地修理。

断层岩石在圣路斯山脉再度被锁住，这一段锁住的断层在 1906

了解有关地震的一些知识，对于预防和减轻灾害损失是十分必要的

年突然发生断裂，造成了加州历史上最惨重的灾难，即旧金山地震。断层在旧金山湾西面消失之前，经过一个布满新建筑物的地区。有专家说房屋是否建在坚硬的地面上，才是能否抵御强烈地震的根本，而距离断层的远近并无实际意义。有很多人知道自己是在玩一个叫作"地震赌博"的游戏，但他们依旧抱着侥幸心理在这里快乐地生活着。不过，也有些人根本不在乎"断层"这个说法，加州清新的空气和灿烂的阳光是吸引他们在这里安家落户的重要原因。

 ## 地震频发

　　加州在 1906 年遭受了历史上最强烈的地震，这次地震使沿断层线的岩石在一分钟内向旁边移动了10 米，但自那之后，这部分断层就没有再移动过。有人根据这个迹象推测加州可能不会再发生地震了，但科学家则坚信地震仍然会沿着断层线发生，只是不知道会是什么时间发生罢了。

　　人类至今还没有办法对地震作出极为准确的预测。地质学家期待通过测量沿断层岩石内逐渐扩张的张力的研究和其他探测工作，找出预测地震的方法。地质学家通过短时期的历史记录，推断出加州沿断层线的强烈地震大概周期是 100 年一次。科学家们正倾力于预测、控制地震及减轻地震危害的研究工作，目前最有希望的研究工作是对地震的原因进行深入探索，并更好地辨别出岩石发出的警告信号。

科学家们现在正研究如何在受压力的岩石中触发安全的小规模的地震，从而缓解岩石的压力，避免大地震的发生。但目前最重要的工作是如何避免在修筑水坝及其他工程时无意间触发地震。

人类已经认识到在大地震发生之前，地底活动会略有增强，随着人类科技的不断进步，地质学家现在已经可以利用科学仪器监测地球表面下的水压和岩层活动，据此将可以在大地震发生之前作出预报。而建筑师和结构工程师也会在设计建筑物时考虑到抗震的需要，设计出能够抵御地震的房屋。在加州，"文明必须得到地质的允许，方能存在"。

神秘的"太阳之家"
——哈莱阿卡拉

火山是地下深处的高温岩浆及其有关的气体、碎屑从地壳中喷出而形成的。火山虽然会给人类生活带来灾难，但也会形成独特的火山景观，满足人们的猎奇心理。有"太阳之家"美誉的哈莱阿卡拉就是神奇的世界火山景观之一。

哈莱阿卡拉火山口位于夏威夷的毛伊岛上，是夏威夷人心中"太阳升起的地方"。在深度、宽度上皆堪称巨大，再加上3 055 米的海拔高度，使其成为世界上最大的休眠火山。然而赋予它传奇般魅力的原因并不止于此，它本身的独特景致，再加上夏威夷独有的浪漫与激情，总是令数不尽的探险者们慕名而来。

美丽的神话

哈莱阿卡拉火山栖身的毛伊岛在夏威夷岛西北 41 千米处，面积

美丽的毛伊岛风光

生活在毛伊岛哈莱阿卡拉火山周围的石鸡

达 1 886 平方千米，在夏威夷群岛中面积排名第二。毛伊岛是以当地神话中一个叫作毛伊的神的名字命名的。在夏威夷当地的神话传说中，毛伊是一个半人半神的魔术师，但他最伟大的业绩还是征服太阳。

传说中的一天，太阳开始拒绝按照预定的路线行走，非要穿过天空疾行，这给人们的生活带来了很大的困扰。毛伊用姐姐的头发做成 16 根结实的绳子，用他那神奇的力量套住太阳。太阳牢牢地落入了毛伊的手中，为了保住自己的性命，太阳只得答应以后会慢慢地升起，温柔地越过天空，继续为人们的生存和繁荣提供充足的条件。从此，岛上的人们每天都可以享受到充足的阳光。

哈莱阿卡拉火山

哈莱阿卡拉火山最后一次喷发是在 1790 年，火山口深 800 米，其周长为 34 千米，大到足以容纳整个纽约曼哈顿岛。是无数次火山喷发和无数的风、雨、流水侵蚀作用的合力加宽和夷平了火山口，使它成了现在的样子。哈莱阿卡拉火山东部的山坡因火山口流出的熔岩流入河谷而布满坑谷，西部山坡则有小溪蜿蜒流过，通常被登山者作为登山的路径。

超过 49 平方千米的火山口底部有着不同的地理样貌，森林、草坪、沙漠，甚至还有一个湖泊。这样的差距主要是不规则的火山口

形状导致的。火山口的东部边缘较低，携雨而来的信风从两道裂口中吹进，并在火山口底部积雨。站在火山口边缘上的人的影子可以在火山口北部上方的云团反映出这一奇观，这就是由在火山口边缘向下旋转的云带来的。

哈莱阿卡拉山在海拔 1 828 米～3 048 米生存着地球上最珍奇罕见的植物，叫"Silver－sword"，按照字面意思可以翻译为"银剑"。银剑仅生长在火山给予的恶劣环境中。它的寿命是 20 年，从西瓜状的球形长到 2.4 米高，一生只开一次花。一株银剑能开几百朵紫红色的花，开花后银剑随即死去。这种植物曾经一度面临灭绝的危险，它是人类采摘的对象，也是野山羊最喜爱吃的食物，但现在它已经被严密地保护起来。

当你看到哈莱阿卡拉火山，看到那巨大的、色彩斑斓却不乏质朴的火山口，你就会明白自己在自然面前是多么渺小。

神秘的亚马孙河

亚马孙河是世界上流域面积最广，流量最大的河流，它横贯南美洲，流经地球上最大的雨林区，有 15 000 条支流。亚马孙河流域有丰富的植被资源，那里生活着各种珍禽异兽，然而这样一个多彩的自然世界，又有哪些神秘之处呢？

在距大西洋 1 600 千米的巴西马瑙斯附近，宽 16 千米的黑水可以由内格罗河汇入白水主流，巴西人把这里作为亚马孙河的起点，称其上游为索利蒙伊斯河。其下游长达 966 千米，地势平坦，一直延伸到奥比杜斯。

 ## 欧洲人发现亚马孙河

亚马孙河河口在 1 500 年前被欧洲人发现。但直到 19 世纪，博物学家才开始对亚马孙河和其周围的雨林进行探索。1848 年—1895年，英国植物学家在此搜集了 7 000 种新的植物标本，而博物学家也

搜集了几千种未见过的昆虫标本。

亚马孙河流域的热带雨林面积约为印度国土面积的 2 倍，其大半部分位于巴西，海拔不超过 200 米。这里雨量十分充沛，加上安第斯山脉冰雪消融带来的大量流水，使这里每年都有数月被洪水淹没。一年中的大部分时间都被雨林闷热潮湿的气候占据，日间气温约为 33℃，夜间大概为 23℃。

亚马孙河流域森林是世界上最大的自然资源宝库。约 60 种树木生长在这片原始森林中，植物密度很高。但在雨林深处的地面植物并不多，这是因为树冠遮拦了大部分的阳光——许多大树高达 60 米以上，不过涝地森林就不一样了，灌木和乔木有帮助维持生存的板状根基，因此树冠由高到低分层，而且各层都充满生机。

亚马孙河部分雨林已经被辟为保护区，但如果不控制目前的伐林速度，亚马孙这片占全球林木总面积 2/3 的广大森林，将在 21 世纪消失。

河边是观察亚马孙河流域中珍禽异兽最好的地方。在这里可以看见各种动物的活动，经常出没的鱼和白鹭，在树顶啄食坚果和水果的犀鸟和鹦鹉，把树木当作秋千的猴子，作跳水表演的美洲大蜥蜴，行动迟缓的树獭，长达 1 米的世界上最大啮齿动物水豚也在这里生活。

亚马孙河里已知鱼的种类已经超过 2 000 种，其中有艳丽的脂鲤，也有会放电的电鳗，还有恐怖的食人鱼和平均体重可达 200 千克的巨骨舌鱼。恶名远扬的红水虎鱼善于围猎，它们身长仅 30 厘米左右，却可以在几秒钟内吃掉一头行动迟缓的大型哺乳动物，不过它们并不经常这么干，它们更喜欢以其他鱼或者植物的果实为食。黑色宽吻鳄是亚马孙河流域里最大的食肉动物，它可以长到 4.6 米那么长，主要食物是海牛等水生哺乳动物，偶尔也会趁貘去水边喝水的时候实施突袭，甚至会袭击人类。

500 年前，有许多印第安部落散居在这个水流丰富、植被茂盛的地区，当时他们人丁兴旺，但在战争、奴役、殖民者的侵扰下，这

在亚马孙河美丽风光的外表下，处处都隐藏着危险，随时都有可能置人于死地

些部落几乎都已经不复存在了。如今幸存的都是一些世代居住在森林深处的部落，他们大都过着游牧生活，主要以渔猎为生，偶尔也会开垦荒地种植庄稼，他们能够充分利用雨林内的资源，比如对于野生药物的使用方法非常精通。

目前，亚马孙河流域剩下的印第安人只有不到150个部落，约10万人。而且仅存的这些人也不得不为了生存而与那些环境的破坏者斗争，亚马孙河流域一些原本生活舒适的地方，现在已经出现了严重的环境问题。

科学家们警告人类，如果再不对这些破坏生态环境的行为进行禁止，等待人类的将是巨大的灾难。那些来自大自然的报复，并不是那些为了贪图眼前利益而肆无忌惮的人们所能想象和承担得起的。

塞兰迪亚古堡之谜

1744 年，埃塞奎博司令官兴建的军事要塞落成，这就是具有中世纪堡垒建筑风格的塞兰迪亚古堡。然而 1803 年，古堡突然被废弃，此后那里变得荒无人烟，异常凄凉。究竟是什么原因使得盛极一时的古堡发生如此大的变迁？人们不断地在追寻着这个深隐的谜题。

塞兰迪亚古堡坐落在圭亚那流量最大的埃塞奎博河下游的一个小岛上。这个狭窄的小岛长 1 千米，距河西岸的热带丛林四百多米。

古堡历史

关于这个古堡的历史一直可以追溯到 17 世纪初。1616 年，荷兰探险者成功地驶抵了圭亚那岸的埃塞奎博河河口。他们在马托鲁尼河和卡尤尼河汇合处设居民点，建立了一个基克—欧弗—阿尔的设防镇区。1621 年，荷属西印度公司合并后开始计划垦殖活动。1624 年，一大批垦殖者被该公司派遣到基克—欧弗—阿尔地区。1681 年，当早期的荷兰探险者在新大陆被西班牙人驱逐出波梅龙后，他们就在大西洋岸中部活动。随着西班牙、英、法和荷兰之间连续不断地争夺殖民地战争，这块土地多次改换殖民统治者。居住在那里的居民逐渐迁移到离河口更近，并具有很好防护的地

带有神秘色彩的塞兰迪亚古堡

方居住以期可以避免战乱之苦。于是，埃塞奎博荷兰殖民地的新首府建在了这个小岛上。1687 年，基克—欧弗—阿尔镇区司令在岛上建造了一个木制要塞。为抵御入侵，埃塞奎博司令官于 1742 年计划兴建一个军事要塞，并在其周围挖一条护壕。1744 年要塞建成，这就是留存至今的具有中世纪堡垒建筑风格的塞兰迪亚古堡。

谜样古堡

塞兰迪亚古堡附近还建造了一座教堂。在教堂里竖立着三块墓碑，其中两块碑文仍清晰可见：1770 年 11 月逝世的迈克尔·罗恃及其 1772 年逝世的妻子。第三块墓碑碑文已无法辨认，据岛上居民说，这是一条狗的墓穴。

1781 年，英荷之间爆发战争，英国人占领了圭亚那，但几个月后，这里又被法国人重新占领。1783 年，荷兰人的重新占领却遭到了当地种植园主的反抗。1796 年 4 月 20 日，英荷两国再度发生战争，荷兰最终完全丧失了这块地盘。1803 年，塞兰迪亚镇区变得荒无人烟，满目荒凉，古堡迅速被废弃。这是因为当地发生热带瘟疫所致，还是因荷兰在圭亚那殖民盛况衰微的结果，至今是一个未解之谜。

塞兰迪亚古堡吸引着四面八方的游客，它让人们好奇，更让人们为之着迷

　　游客要参观古堡遗址，需要在埃塞奎博河河口的帕里码头乘轻便小艇上溯 8 千米。岛上散居着 100 多户人家，大部分是渔民。古堡就坐落在杂草丛生的灌木丛中，游客登上岛后，首先看到的是古老的兵器广场，炮台附近的草丛中，还能看到一些炮弹和战斗的遗迹。

南极洲

NANJIZHOU

神奇的南极

冰是南极最主要的特征，但在冰层之下却有许多不为人知的秘密，更有着许多奇异的传闻。这些秘密和传闻将南极置于迷雾之中。神奇的不冻湖便是众多迷雾中的一部分。人们对于不冻湖的种种猜测，一直无法定论。神奇的南极，谜一般的南极，只能有待人类继续探索。

有关南极洲的神秘，盛传着许多奇异的传闻。在比利时不明飞行物研究中心工作的研究员埃德加·西蒙斯、本·冯·普雷恩和亨克·埃尔斯豪特等公开声称：南极洲存在着一些德国纳粹的基地。比利时学者说，德国人当时有三个计划：制造原子弹、开发南极洲和研制圆形盘状飞船。在第二次世界大战后

南极洲是人迹罕至的冰雪"荒原"，一向有"白色大陆"的称号

期，德国的潜艇很有可能已把德国的科学家、工程师和器材运到了南极洲。1939 年之前，希特勒曾经将他的亲信阿尔弗雷德·里切尔派到南极实地考察过。所以，纳粹余党把南极洲当作基地进行飞碟研究并不是一时的胡乱猜测。西班牙一位 UFO 研究专家安东尼奥·里维拉声称："如果我们认为，纳粹德国的科学家和军人的确来到了南极洲，那么人们完全有理由相信，除了真正的外星 UFO 外，南极洲也可能存在着地球人制造的另一种 UFO。"

南极不冻湖

南极洲是人迹罕至的冰雪"荒原"，一向有"白色大陆"的称号。在南极，放眼望去，只见一片皑皑白雪。这片面积为 1 400 万平

方千米的土地，几乎被几百至几千米厚的坚冰所覆盖，零下五六十摄氏度的低温，使这里的一切几乎都失去了活力，丧失了原有的功能。在这里石油凝固成黑色的固体，在这里煤因为达不到燃点而变成了非燃物。然而，有趣的自然界却又向人们奇妙地展示出它那魔术般的本领：在这寒冷的世界里竟然神奇地存在着一个不冻湖。

不冻湖现象

科学家们发现的这个不冻湖，面积大约为二千五百多平方千米，最深处达66米，湖底水温高达25℃，盐类含量是海水的6倍还多，湖水遭到了很严重的污染，并有间歇泉涌出水面。科学家们在这个湖的周围进行了考察，发现在它附近并没有类似于火山活动的地质现象。为此科学家们对存在于这酷寒地带的不冻湖也感到莫名其妙。1960年，日本学者分析测量资料后发现，该湖表面薄冰层下的水温大约为0℃。随着深度的增加，水温也不断升高。到16米深的地方，水温升到7.7℃，这个温度一直稳定地保持到40米深处；到40米以下，水温缓慢升高；至50米深处水温升高的幅度突然加大；至66米深的湖底，水温居然高达25℃，与夏季东海表面水温相差无几。这个奇怪的现象一经揭示，引起科学家们的极大兴趣，他们对此进行了仔细的考察，提出了各种各样的看法。

不冻湖存在的原因

有的科学家提出这是气压和温度在特殊条件下交织在一起的结果。持这一观点的人指出：在三千多米的冰层下，压力可达到278个大气压，在这样强大的压力下，大地释放出的热量比普通状态下释放出的热量多，而且冰在2℃左右就会融化。另外，冰层还像个大地毯，阻止了热量的散发，使得大地释放出的热量得以大量积存，这样的南极大陆会有大量的冰得以融化，汇集到低洼处聚成一汪湖水。另外一些科学家则认为：在南极的冰层下，极有可能存在着一个由外星人建造的秘密基地，是他们在基地散发的热能将这里的冰融化了。还有的科学家坚持：这是个温水湖，很有可能是水下的大温泉把这里的水温提高了，将冰融化；可有些人反驳说：如果这里有温泉水不断流进湖里，为什么湖上冰冠没有一点融化的迹象呢？

南极"绿洲"之谜

神奇的南极大陆上充满了神秘色彩，在被冰雪覆盖的土地上却点缀了一些"绿洲"，而在这里还有着许多奇怪的现象。神奇的"绿洲"吸引着无数的科学家，但却没有人能解开"绿洲"之谜。可科学家们相信，在不断的探索下谜一般的"绿洲"终会显现出其真面目。

在大多数人的印象里，南极应该是一个完全被冰雪覆盖的地方，但事实并非如此，南极也有绿洲，听起来的确不可思议，但这是事实。南极的绿洲以班戈绿洲、麦克默多绿洲和南极半岛绿洲最为有名。它们大都分布在南极大陆沿海的地方。

 ## "绿洲"猜想

所谓"绿洲"，并不是人们常见的植物茂盛生长之地，而是那些没有冰雪覆盖的地方。由于南极考察人员长年累月在冰天雪地的白色世界里生活、工作，因而当他们发现没有被冰雪覆盖的地方时，自然倍感亲切，于是便将这些地方称为南极洲的"绿洲"，也就是下文所提到的"无雪干谷"。南极绿洲约占南极洲面积的5%，地貌丰富，含有干谷、湖泊、火山和山峰。

在南极洲麦克默多湾的东北部，有3个相连的谷地：地拉谷、赖特谷、维多利亚谷。在谷地的周围是被冰雪覆盖的山岭，但谷地中却非常干燥，并没有冰雪，连降水都少有。这里便是神秘的"无雪干谷"。裸露的岩石和一堆堆海豹等各种海兽的骨骸在这里随处可见。

科学家无法解释为什么这里会出现如此之多海兽的骨骸。海岸距这里几十千米到上百千米不等，习惯于在海岸边生活的海豹等动物为什么会违背生活习性来到这里呢？

一些科学家认为，这些海豹是因为在海岸上迷失了方向才来到这里。海豹在无雪干谷上找不到可以饮用的水，又找不到出去的路，于是因干渴而死；也有一些科学家认为，这些海豹跑到无雪干谷地区是来自杀的，就像鲸类自杀现象一样，可是并没有合理证据能证明这一观点。也有科学家认为这些海豹可能是受惊吓或受驱赶而来到这里。那么它们是受什么惊吓，被什么驱赶而来的呢？这个谜仍然没有被解开。

水温之谜

无雪干谷的神秘现象绝不止这一宗。"热水湖"就是另一个神秘现象。

热水湖的真名叫"范达湖"，是根据新西兰考察站的名字命名的。范达湖奇异的水温现象使科学家们感到惊讶，水温在 3 米 ~ 4 米厚的冰层下是 0℃左右，水温在 15 米 ~ 16 米深的地方升到了 7.7℃，到了 40 米以下，

南极大陆卫星局部图

水温竟然达到了 25℃。范达湖这种深度越大水温越高的奇异现象吸引了大批科学家来此考察。

各国考察队对这一现象的解释各不相同，其中有两种学说颇为盛行，一种是地热说，一种是太阳辐射说。但这两种学说都无法顺利地通过无雪干谷特殊地理位置和地质形态的考验，因而都无法立足。

日本学者鸟居铁和美国学者威尔逊经过多年的研究，提出了一种新的论点：虽然南极的夏季地表吸收太阳辐射不多，但是透明的冰层对太阳光有一定的透射率。这样，靠近表层的冰层总会获得一些太阳辐射的能量。日积月累，湖水表层及冰层下的温度便有所上升，最后到了融化的程度。由于底层盐度较高，密度较大，底层不会上升，于是高温的特性保留下来。同时，表层的水在冬天时有失热现象，底层的水则由于上层水层的保护，失热较少，因而可以保持特别高的水温。此说法在一些科学家的观测记录的支持下显得具有一定的说服力。

这样一个个难以解释的现象为南极披上了一层神秘的面纱，吸引着各国探索者的目光，也提示我们，探索自然的路任重而道远，却又其乐无穷。